国家地下水资源年度评价（2022）

李文鹏　主编

科学出版社

北京

内 容 简 介

本书是2022年度国家地下水资源评价成果。本次年度评价依据统一的技术规程，充分利用自然资源部门、水利部门、气象部门权威数据，特别是最新的第三次全国国土调查数据，形成了2022年省级－流域－全国3级地下水资源年度调查评价成果。本书共6章，内容包括地下水资源年度评价概况、地下水资源评价基础与方法、地下水资源数量、地下水资源质量、地下水变化规律分析以及结论。

本书可供地球科学、水文地质、水资源、环境、生态等学科领域的科研人员参考，也可供有关院校教师和研究生参考使用。

审图号：GS京(2025)0869号

图书在版编目（CIP）数据

国家地下水资源年度评价．2022／李文鹏主编．-- 北京：科学出版社，2025. 6. -- ISBN 978-7-03-079900-5

Ⅰ．P641.8

中国国家版本馆CIP数据核字第2024C5A494号

责任编辑：韦　沁／责任校对：何艳萍
责任印制：肖　兴／封面设计：有道文化

科学出版社出版
北京东黄城根北街16号
邮政编码：100717
http://www.sciencep.com
北京建宏印刷有限公司印刷
科学出版社发行　各地新华书店经销
*
2025年6月第　一　版　开本：889×1194　1/16
2025年6月第一次印刷　印张：6 1/2　插页：4
字数：210 000

定价：128.00元

（如有印装质量问题，我社负责调换）

编辑委员会

前言

党的二十大擘画了中国式现代化建设的宏伟蓝图，对新时代水资源管理工作提出了新的更高要求。习近平总书记在党的二十大报告中指出，“我们要推进美丽中国建设，坚持山水林田湖草沙一体化保护和系统治理，统筹产业结构调整、污染治理、生态保护、应对气候变化，协同推进降碳、减污、扩绿、增长，推进生态优先、节约集约、绿色低碳发展。”“统筹水资源、水环境、水生态治理，推动重要江河湖库生态保护治理，基本消除城市黑臭水体。”

水资源是自然资源中的核心资源，是国家经济社会发展不可或缺的首要资源。地下水是水资源的重要组成部分，在保障城乡居民生活、支撑社会经济发展方面发挥着重要作用。自然资源部党组和领导高度重视水资源调查工作，多次召开专题会，要求夯实自然资源部在地下水资源调查监测和评价的技术优势。中国地质调查局局党组和领导多次对全国地下水资源调查工作做出具体部署，要求坚决贯彻落实部党组指示，在国家地下水资源调查、监测、评价和区划等方面持续发力，印发了《地质调查支撑服务水资源管理总体设计（2021—2030 年）》，构建了“1+9+31”全国地下水资源调查监测工作机制。由中国地质环境监测院总牵头，中国地质调查局水文地质环境地质调查中心、中国地质科学院水文地质环境地质研究所、中国地质科学院岩溶地质研究所 3 个专业调查研究单位，以及中国地质调查局沈阳地质调局查中心、中国地质调查局天津地质调查中心、中国地质调查局南京地质调查中心、中国地质调查局武汉地质调查中心、中国地质调查局成都地质调查中心、中国地质调查局西安地质调查中心 6 个区域地质调查中心分别负责 9 个一级流域地下水资源评价，指导流域相关省份地下水资源评价；31 个省级地质环境监测机构负责本辖区地下水资源评价。

按照《地下水资源调查评价规范》（DZ/T 0469—2024），基于第三次全国国土调查数据和 2022 年度全国国土变更调查数据，利用气象部门降水数据、水利部门径流量和河流水位监测数据、20469 个国家地下水监测工程站点地下水位–地下水质量监测数据、42928 个地下水统测点的 99768 个水位数据，对地下水资源数量、地下水资源质量、地下水资源年度变化规律进行了分析评价，形成了 2022 年省级–流域–全国 3 级地下水资源年度评价成果。

本次年度评价形成的主要认识有，一是 2022 年度全国地下水资源量为 8883.82 亿 m^3/a，低于多年平均资源量；二是全国地下水质量总体稳定，影响地下水质量的主要天然指标有锰、铁、总硬度等；三是全国 17 个主要平原盆地中 10 个平原盆地地下水位以上升为主，四川盆地、黄淮平原地下水位下降明显；四是全国地下水储存量较上年同期减少 44.31 亿 m^3/a，但华北平原增加 28.62 亿 m^3/a；五是全国 37 个主要地下水降落漏斗面积有所减少，主要分布在北方平原盆地区；六是年度极端气象水文事件对地下水影响明显，长江流域五大平原区地下水储存量减少 25.94 亿 m^3，珠江流域的北江流域、塔里木盆地洪水影响带和辽河流域的绕阳河流域地下水储存量则分别增加了 7.53 亿 m^3、7.68 亿 m^3 和 9.65 亿 m^3。

目录

第一章

地下水资源年度评价概况

水资源调查是自然资源部的重要职责之一，2023 年，水利部和自然资源部联合印发了《地下水保护利用管理办法》（水资管〔2023〕214 号），明确要求开展地下水资源年度调查评价和周期调查评价；中国地质调查局把水资源调查评价作为国家重大战略需求之一，持续部署了“水文地质与水资源调查计划”。国家地下水资源年度评价是一项重要的基础性国情数据调查，自 2020 年延续至今。

第一节　目标任务与评价内容

一、目标任务

开展地下水资源年度评价，掌握地下水资源数量、质量、开发利用、地下水位及储存量年度变化情况，形成省级 – 流域 – 全国年度地下水资源国情数据，为自然资源管理和水资源可持续利用提供基础支撑。

二、评价内容及流程

地下水资源年度评价的内容主要包括地下水资源数量、地下水资源质量和地下水变化规律分析。其中，地下水资源量即地下水天然补给量，分别评价不同总溶解固体（total dissolved solids，TDS）类型的地下水资源量，统计生成地下淡水（TDS ≤ 1g/L）、地下微咸水（1g/L ＜ TDS ≤ 10g/L）和地下咸水（10g/L ＜ TDS ≤ 100g/L）资源量，并进一步统计 TDS ≤ 2g/L 和 TDS ＞ 2g/L 的地下水资源量；地下水质量主要分析不同类地下水质量监测站点数量和占比；地下水变化规律分析包括主要平原盆地地下水位变化规律，主要地下水位降落漏斗变化规律，地面沉降区、地下水超采区等地下水位变化规律，以及年度重大气象水文事件对地下水的影响分析等。

地下水资源年度评价的周期为 2022 年 1~12 月，工作流程主要包括资料搜集与整编、地下水资源分区与评价单元选定、评价单元水文地质概念模型构建与评价方法选取、地下水资源评价、地下水资源汇总、地下水变化规律分析、图件与成果报告编制以及成果审查等。利用地下水资源在线评价系统进行，省级 – 流域 – 国家 3 级评价人员实现在线协同评价，年度地下水资源评价数据库建设贯穿评价全流程中，并实现全流程建库（图 1.1）。

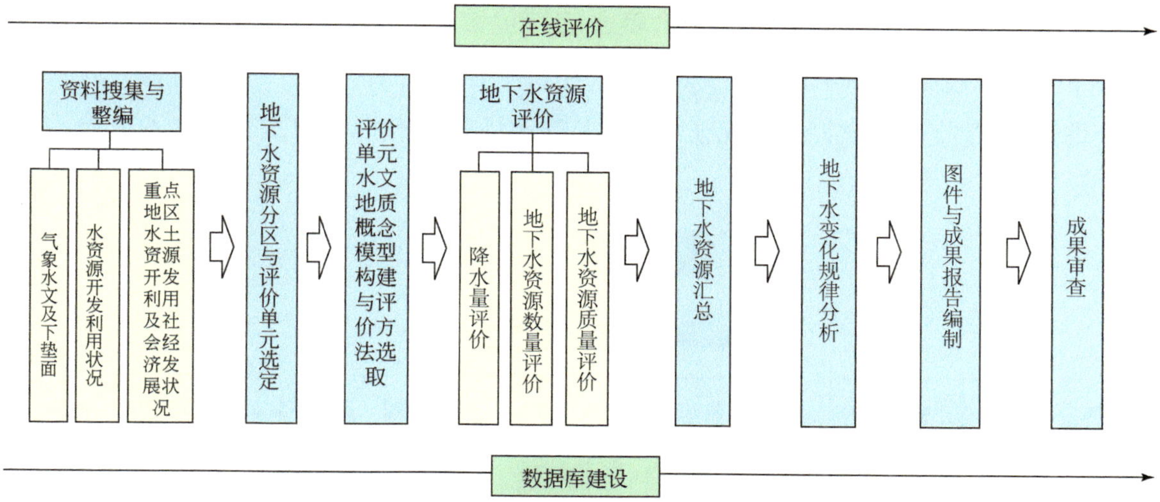

图 1.1　地下水资源年度评价流程简图

第二节　工作组织与工作过程

一、工作组织

按照自然资源部自然资源调查监测司统一部署，中国地质调查局水文地质环境地质部协调相关部属单位、局属单位和各省级地质环境监测机构，构建了“1+9+31”全国地下水资源调查监测工作体系。由中国地质环境监测院总牵头，修编行业标准《地下水资源调查评价规范》（DZ/T 0469—2024），全国层面降水、河川径流、地下水位等数据的整理与分发在线评价系统运行维护与培训，全国成果汇总、国家地下水资源年度调查评价报告编制等工作；中国地质调查局水文地质环境地质调查中心、中国地质科学院水文地质环境地质研究所、中国地质科学院岩溶地质研究所，以及中国地质调查局天津、沈阳、南京、武汉、西安和成都 6 个区域地质调查中心负责 9 个一级流域地下水资源评价与汇总工作，指导相关省份地下水资源评价。其中，中国地质调查局沈阳地质调查中心负责松辽（松花江和辽河）流域、中国地质科学院水文地质环境地质研究所和中国地质调查局天津地质调查中心负责海河流域与东南诸河流域、中国地质调查局水文地质环境地质调查中心负责黄河流域、中国地质调查局南京地质调查中心负责淮河流域、中国地质调查局武汉地质调查中心负责长江流域、中国地质科学院岩溶地质研究所负责珠江流域、中国地质调查局成都地质调查中心负责西南诸河流域、中国地质调查局西安地质调查中心负责西北干旱内陆盆地区（图 1.2）。

流域负责单位组织相关省份开展省级评价技术交流，对难以独立承担省级评价任务的省份给予人力和技术支持，协调跨省域评价单元的评价数据、参数和结果的一致性，对省级评价成果进行审核，包括数据来源与处理方法、评价方法、计算结果、重复量识别与扣除等。31 个省级地质环境监测机构负责本辖区地下水资源评价工作（图 1.3）。共 600 余专业技术人员参与该工作。

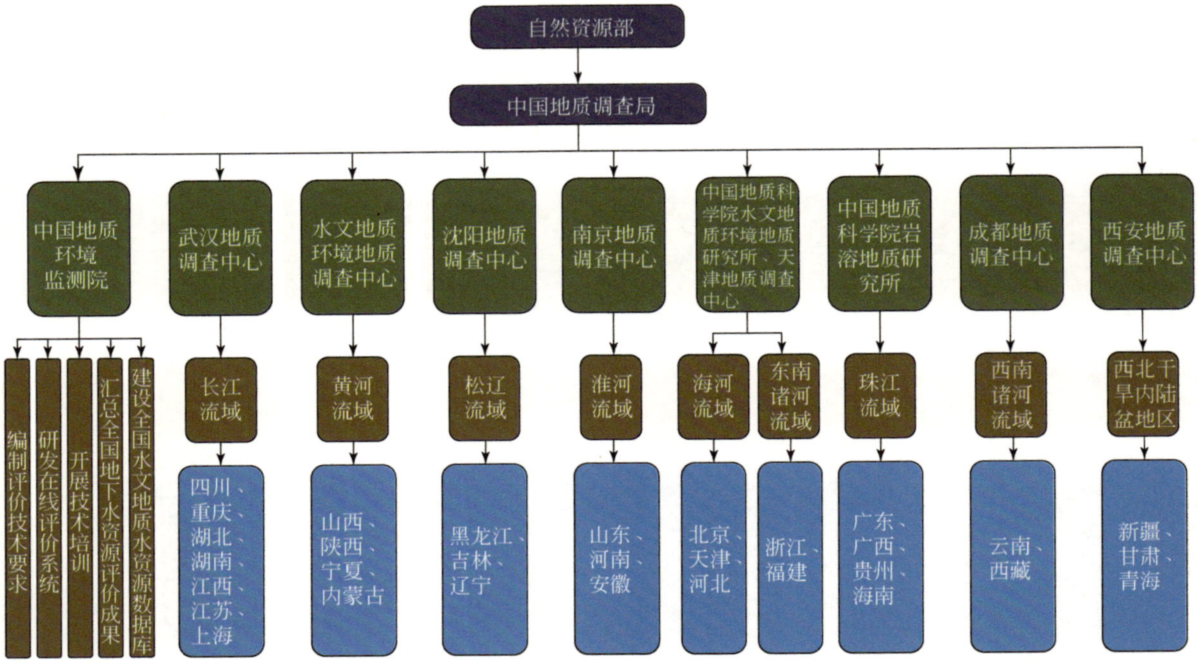

图 1.2　中国地质调查局全国地下水资源年度评价工作组织框图

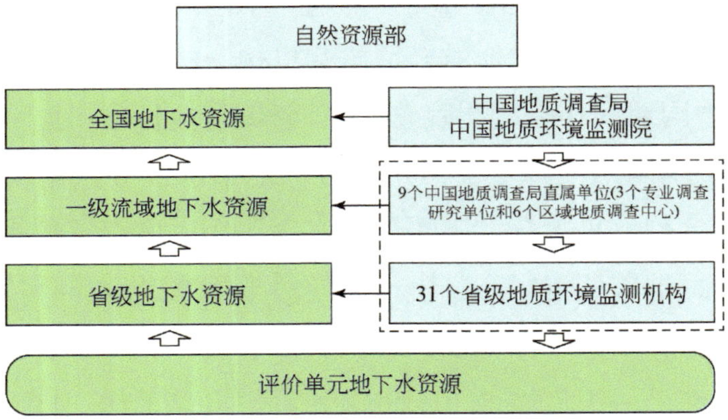

图 1.3　全国地下水资源评价组织实施框图

二、工作过程

本次评价工作于 2022 年 3 月启动，4~12 月完成 42928 个地下水统测点的水位统测，并在典型地区开展地下水开采量核查；2023 年 2 月完成了评价数据收集与汇总分析，3 月基本完成省级地下水资源年度评价，开展一级流域地下水资源评价成果汇总；4 月中旬，以流域为单元组织流域和相关省份专家，完成了一级流域地下水资源年度评价成果审查与研讨；5月上旬，流域负责单位按照专家意见和技术标准要求，完成流域地下水资源评价成果修改完善，提交中国地质环境监测院；5月下旬，中国地质环境监测院完成了全国年度评价成果汇总；6月，编制形成成果报告和图件；9月，通过专家审查及修改完善。

第三节　质量评述

本次评价是国家地下水资源调查监测机构及省级地下水资源调查监测机构协同配合，按照统一的技术规范，在传统评价方法基础上，结合新技术、新方法，并在省级－流域－全国各层级、多部门专家指导下完成的，成果准确、质量可靠。

一、技术规范统一

本次评价按照行业标准《地下水资源调查评价规范》（DZ/T 0469—2024）统一开展，规定了开展地下水资源调查评价的目标任务、基本原则、工作流程、工作内容、技术方法和成果要求等。

二、资料数据权威

本次年度评价使用经多次校核并最终确定的全国地下水资源周期评价参数。土地利用等下垫面数据采用自然资源部第三次全国国土调查数据和2022年度全国国土变更调查数据。地下水位数据采用国家地下水监测工程20469个自动化监测站点的监测数据，以及2022年42928个（2021年56840个）地下水统测点数据，其中，国家地下水监测工程站点数据经过定期人工复核、异常数据剔除等整编处理，格式规整，数据准确；地下水统测点数据取同一点位3次测量平均值以减小误差。

地下水质量数据来源于国家地下水监测工程9257个监测站点样品测试分析成果。样品测试由获得“地下水监测样品测试实验室”资格的机构承担，并通过了样品测试质量监控，总体合格率达95.8%。

降水数据采用气象部门提供的0.25°×0.25°分辨率格网数据，以及2169个国家基本气象站、国家基准气候站和国家一般气象站监测数据。

河川径流数据参考使用了水利部门在“全国雨水情信息”发布的1368个全国大江大河

实时水位和径流监测点数据。

三、评价方法科学

本次评价基于中华人民共和国成立以来 70 余年的水文地质调查、监测、评价工作成果，在以往基础上对评价方法进行优化，构建每个评价单元的水文地质概念模型，对每个评价单元制定适宜的评价方法。例如山丘区一般采用排泄量法计算地下水资源量，部分研究程度较高的地区利用降水入渗补给量进行校核；平原区一般采用补给量法计算，并通过计算排泄量和储存量的变化量，进行均衡校验。

四、专家严格把关

在地下水资源评价过程中，建立了省级 – 流域 – 全国各层级、多部门专家指导委员会，持续对省、流域评价技术和数据进行把关，各流域地下水资源年度评价成果于 2023 年 4 月中旬通过了相关省份和流域内权威的自然资源部门、水利部门、生态环境部门和科研院校权威专家评审。在此基础上，汇总形成了国家地下水资源年度评价成果，并于 9 月底经中国科学院和中国工程院院士，以及国家与流域层面自然资源部门、水利部门、生态环境部门、气象部门及科研院校专家最终审定。

第二章

地下水资源评价基础与方法

第一节　地下水资源分区及评价单元

本次年度评价在全国 1~5 级地下水资源分区（部分重点平原区进一步细化形成六级区）基础上，根据工作程度和地下水补给、径流、排泄（补、径、排）条件分析的难易程度，选定了 880 个评价单元，其中地下水资源三级区 5 个、四级区 138 个、五级区 719 个、六级区 18 个（表 2.1，附图 1），并结合行政区边界、不同 TDS 类型边界、水资源区边界等要素，划分 61594 个评价单元子区。

表 2.1　地下水资源分区及评价单元数量统计表　　（单位：个）

序号	地下水资源一级区名称	一级区编号	二级区数量	三级区数量	四级区数量	五级区数量	评价单元数量	评价单元级别
1	松花江流域地下水资源区	GA	4	10	38	48	48	五级
2	辽河流域地下水资源区	GB	2	7	18	20	20	五级
3	海河流域地下水资源区	GC	2	13	68	68	68	四级
4	黄河流域地下水资源区	GD	4	11	31	110	110	五级
5	淮河流域地下水资源区	GE	3	6	13	45	13	四级
6	长江流域地下水资源区	GF	5	13	54	134	142（五级 124）	五、六级
7	东南诸河流域地下水资源区	GG	2	9	39	50	50	五级
8	珠江流域地下水资源区	GH	3	10	25	181	181	五级
9	西南诸河流域地下水资源区	GJ	4	8	23	23	23	四级
10	准噶尔盆地地下水资源区	GK I	3	10	27	28	28	五级
11	塔里木盆地地下水资源区	GK II	2	4	26	30	30	五级
12	羌塘内流河湖地下水资源区	GK III	2	5	5	5	5	三级
13	河西走廊及北山地下水资源区	GK IV	3	11	36	96	96	五级
14	柴达木－青海湖盆地地下水资源区	GK V	2	6	18	32	32	五级
15	内蒙古高原地下水资源区	GK VI	3	14	34	34	34	四级
全国合计			44	137	455	904	880	—

第二节　评价基础数据来源及处理方法

一、降水量评价数据来源与处理方法

本次评价，中国气象局提供了两套降水量数据，一是采用的 2169 个国家基本站、基准站、一般气象站年降水量监测数据（附图 2）；二是 0.25° ×0.25° 分辨率月降水量格网数据。

评价结果显示，2022 年全国平均年降水量为 621.73mm/a，较 2021 年减少了 78.01mm/a；与多年平均（1956~2016 年）、年降水量相比，减少了 30.27mm/a（图 2.1）。2022 年全国平均年降水量折合年降水资源量为 59095.59 亿 m^3/a，与 2021 年相比减少了 7087.64 亿 m^3/a，减幅为 10.71%。

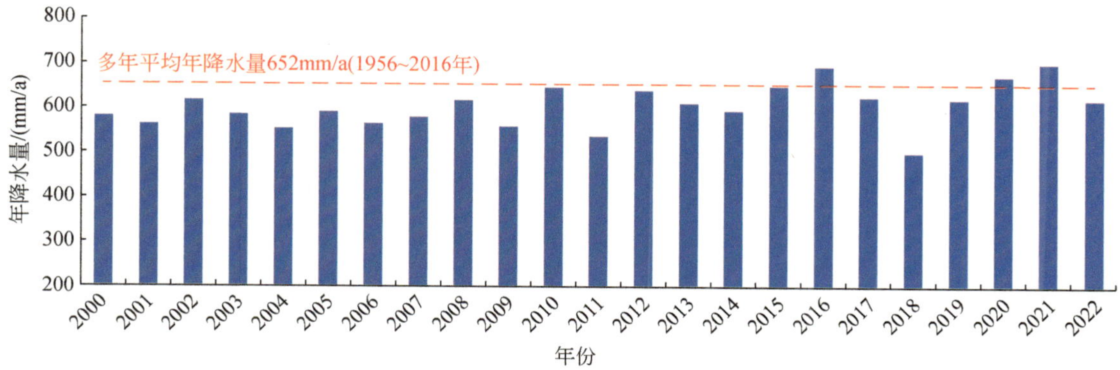

图 2.1　2000~2022 年全国降水量动态变化图

从分区来看，2022 年北方地区平均年降水量为 354.53mm/a，是全国平均年降水量的 57.02%；年降水资源量为 22556.95 亿 m^3/a，占全国年降水资源量的 38.17%。其中，辽河流域平均年降水量在北方地区最大，达 791.30m/a，是北方地区平均年降水量的 2.3 倍，年降水资源量为 2678.55 亿 m^3/a，占北方地区年降水资源量的 11.87%；松花江流域年降水资源量在北方地区最大，达 6471.55 亿 m^3/a，占北方地区年降水资源量的 28.69%；塔里木盆地、河西走廊、柴达木 – 青海湖盆地、准噶尔盆地等内流盆地平均年降水量均低于 200mm/a，河西走廊年降水资源量在北方地区最小，仅 611.80 亿 m^3/a。南方地区平均年降水量为 1162.66mm/a，是全国平均年降水量的 1.87 倍；年降水资源量为 36538.64 亿 m^3/a，占全国年降水资源量的 61.83%。其中，珠江流域平均年降水量全国最大，达 1682.61mm/a，年降水资源量为 8416.84 亿 m^3/a；长江流域年降水资源量全国最大，高达 17168.56 亿 m^3/a，占全国年降水资源量的 29.05%；西南诸河流域平均年降水量在南方地区最小，为 994.2mm/a（附表 1）。

二、地下水资源数量评价数据来源与处理方法

本次评价充分梳理总结近 70 年水文地质调查工作成果，包括 669 万 km^2 1:20 万水文地质调查成果、300 万 km^2 大型平原区 – 岩溶区 1:25 万水文地质调查、275 万 km^2 1:10 万水文地质调查成果以及 115 万 km^2 1:5 万水文地质调查成果，青藏高原等工作程度较低地区采用了 1:100 万水文地质调查成果。全国使用了 47216 个已有水文地质勘探孔资料、20469 个国家地下水监测工程站点数据以及 42928 个地下水统测点数据，结合主要平原和山间盆地地下水流场，刻画了含水层分布及结构，构建了全国 880 个地下水资源评价单元水文地质概念模型，掌握了每个单元含水层结构与补、径、排条件，选定了评价参数与评价方法。

河川径流数据主要来源于水利部门共享的全国 1368 个大江大河实时水位和径流监测点数据（图 2.2），在测流资源较丰富的珠江流域等建立了降水 – 径流关系曲线；水库蓄水量及库水位高程数据主要来源于水利部 784 个大型水库实时水情监测点数据（图 2.2）；渠系

引水量、灌溉量等数据主要参照各级水资源公报。

地下水位数据来源于 20469 个国家地下水监测工程站点监测数据，以及 2022 年 42928 个（2021 年为 56840 个）地下水统测点水位数据（表 2.2，图 2.3）。国家地下水监测工程数据经过了定期人工复核、异常数据剔除等整编处理。地下水位统测之前，对每个统测点进行详细调查，包括成井时间、井深、井结构、供水层位；开展了地表和统测点高程测量，对每个统测点建立档案；在每个统测点，连续测量 3 次水位，取平均值作为水位数据，如数据差别较大则继续测量，直至数据差别较小。

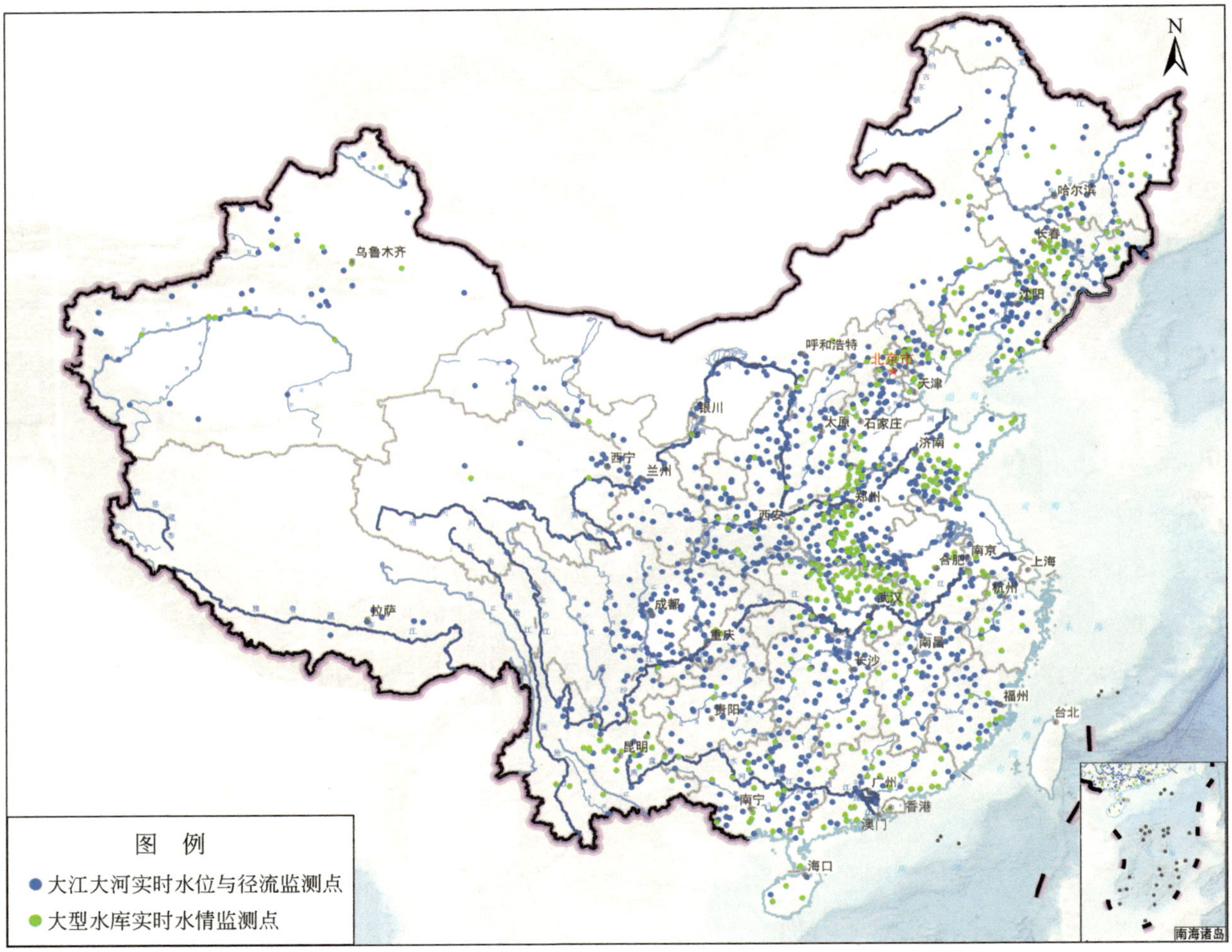

图 2.2　全国大江大河与大型水库实时水情监测点分布图

表 2.2　地下水位监测点统计表（2022 年）

名称	国家地下水监测工程站点 / 个			地下水统测点 / 个	测点总数 / 个
	自然资源部	水利部	小计		
松辽流域	1632	2121	3753	5750	9503
海河流域	1559	2323	3882	6347	10229
黄河流域	1635	1486	3121	4240	7361
淮河流域	1248	1616	2864	7926	10790
长江流域	1861	1231	3092	2360	5452
东南诸河流域	464	142	606	497	1103

续表

名称	国家地下水监测工程站点 / 个			地下水统测点 / 个	测点总数 / 个
	自然资源部	水利部	小计		
珠江流域	761	353	1114	5168	6282
西南诸河流域	171	123	294	1200	1494
西北干旱内陆盆地区	840	903	1743	9440	11183
合计	10171	10298	20469	42928	63397

注：西北干旱内陆盆地区包含准噶尔盆地、塔里木盆地、羌塘内流河湖、河西走廊及北山、柴达木–青海湖盆地、内蒙古高原。

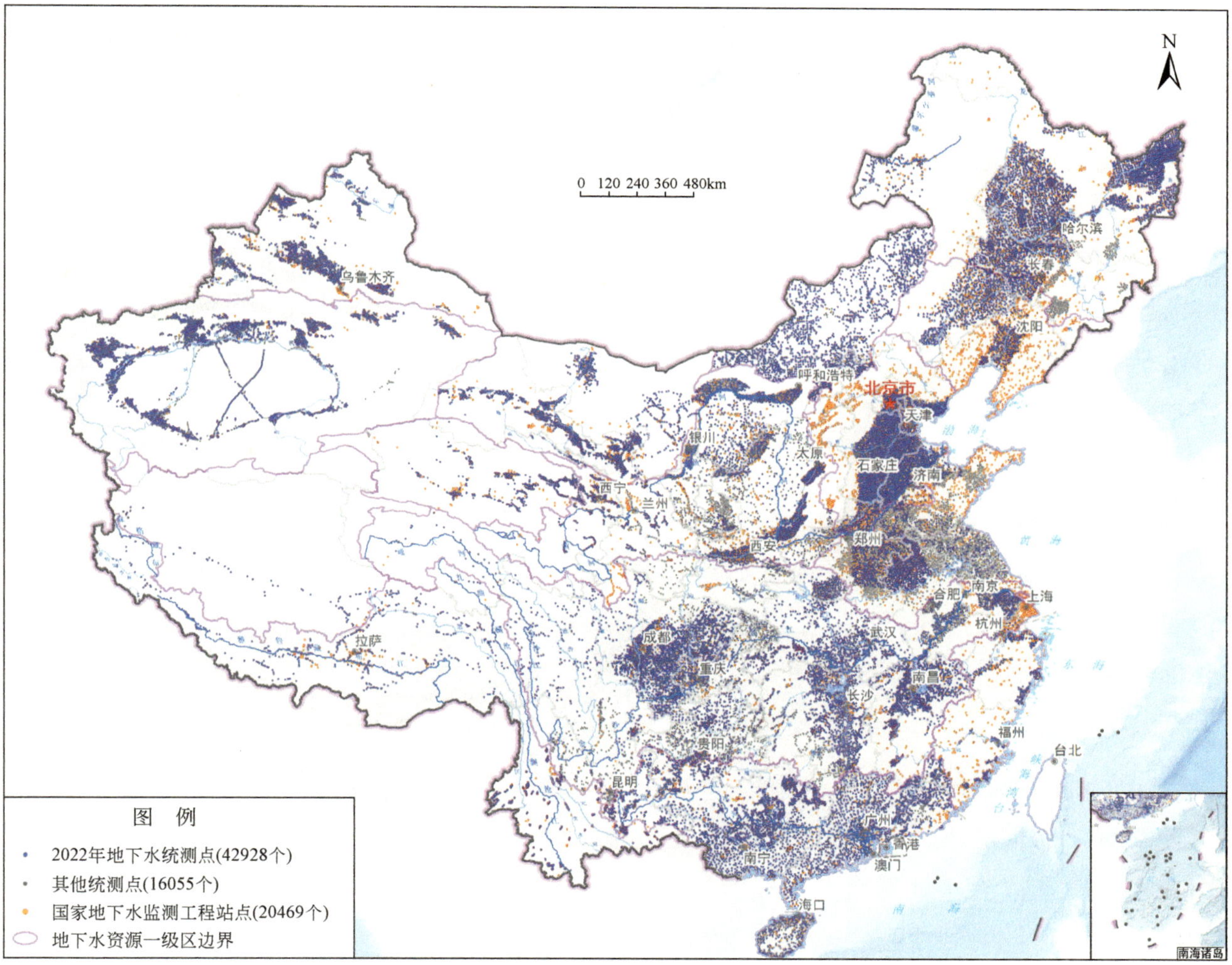

图 2.3　全国地下水监测点分布图（2022 年）

三、地下水质量评价数据来源与处理方法

地下水质量评价数据来源于国家地下水监测工程站点 9257 个（自然资源部 4479 个，水利部 4778 个）监测站点地下水质样品测试分析成果。

地下水质量样品测试由获得国家质量认证和质量管理体系认证的机构承担，并通过了样品测试质量监控。

第三节 评价方法

一、地下水资源量评价方法

山丘区一般采用排泄量法，在研究程度高的地区通过降水入渗补给量进行校核；平原区一般采用补给量法，并通过计算排泄量和储存量变化量，通过均衡法进行校验。与以往一致，本次评价把西藏自治区、云南省、广西壮族自治区、贵州省、重庆市全部作为山丘区评价。

（一）山丘区地下水资源量评价方法

山丘区一般采用排泄量法，总排泄量主要包括河川基流量、地下水开采净消耗量、山前河谷潜流侧向排泄量、山前非河谷侧向排泄量、山前泉水溢出量、其他排泄量（包括矿坑排水净消耗量等），将总排泄量作为地下水资源量（亦即降水入渗补给量）。

$$Q_{资源}=Q_{基流量}+Q_{开净耗}+Q_{侧向排泄}+Q_{泉水溢出}+Q_{其他}$$

式中，$Q_{资源}$为山丘区地下水资源量，万 m^3/a；$Q_{基流量}$为山丘区地下水补给河道形成的河川基流量，万 m^3/a；$Q_{开净耗}$为山丘区地下水开采净消耗量，万 m^3/a；$Q_{侧向排泄}$为山前河谷潜流侧向排泄量和山前非河谷侧向排泄量之和，万 m^3/a；$Q_{泉水溢出}$为山前泉水溢出量，万 m^3/a；$Q_{其他}$为其他排泄量，万 m^3/a。

在以碳酸盐岩含水层为主的珠江流域等地山区，地下水主要以岩溶泉或暗河等形式排泄。通过典型全排泄型岩溶泉和典型暗河长期的天然流量和降水量监测数据，以天然流量作为地下水资源量，反推降水入渗系数并进行合理性验证，类比至条件相似的岩溶泉和暗河流域，采用降水入渗系数法评价其地下水资源量。

（二）平原区地下水资源量评价方法

平原区一般采用补给量法计算，并通过计算排泄量和储存量的变化量，进行均衡校验。平原区地下水资源补给量主要包括降水入渗补给量、地下水侧向补给量（包括山前河谷潜流侧向补给量、山前非河谷侧向补给量、平原侧向补给量）、地表水体入渗补给量（河道、干渠、支渠、水库、湖泊、坑塘）、渠系渗漏补给量、渠灌田间入渗补给量、井灌回归补给量、泉水灌溉田间入渗补给量、城镇管网漏失补给量、人工回灌补给量。平原区地下水资源排泄量主要包括地下水开采量、潜水与植被蒸散发耗水量、河道排泄量、湖库排泄量、泉流量、侧向流出量、城镇与工程建设排水量、矿坑排水量、越流排泄量。

$$Q_{总补}=Q_{降}+Q_{侧}+Q_{水}+Q_{渠}+Q_{田}+Q_{井}+Q_{其他补}$$

式中，$Q_{总补}$为平原区地下水资源补给量，万 m^3/a；$Q_{降}$为降水入渗补给量（常用 P_r 表示），万 m^3/a；$Q_{侧}$为地下水侧向补给量，万 m^3/a；$Q_{水}$为地表水体入渗补给量（河道、水库、湖泊等），万 m^3/a；$Q_{渠}$为渠系渗漏补给量，万 m^3/a；$Q_{田}$为渠灌田间入渗补给量，万 m^3/a；$Q_{井}$为井灌田间入渗补给量，万 m^3/a；$Q_{其他补}$为其他补给量，万 m^3/a。

1. 补给量

1）降水入渗补给量

降水入渗补给量按下式计算：

$$P_r = 10^{-1}\alpha PF$$

式中，P_r 为降水入渗补给量，万 m^3/a；α 为降水入渗补给系数，无量纲；P 为年降水量，mm/a；F 为评价区面积，km^2。

（1）清江流域为长江流域典型的岩溶区，针对降水入渗系数获取困难、精度较低等问题，研究了“次降水量入渗系数法”，根据不同次降水过程的规律，求取岩溶泉域内不同次降水的降水入渗系数，进而根据评价期内有效降水量得到年地下水补给资源量，最终得到清江流域地下水资源五级区降水入渗系数。主要原理（图 2.4）及计算公式如下。

本次降水过程前的水文过程恢复：

$$Q_1' = Q_{t_2}e^{-\beta t}$$

式中，Q_1' 为上次降水过程岩溶泉的衰减流量，L/s；Q_{t_2} 为上次降水衰减过程在本次流量衰减过程中的初始流量，L/s；β 为衰减系数，无量纲；t 为降水时间，s。

本次降水过程产生的降水入渗补给量：

$$P_{event2}=\int_{t_2}^{+\infty}(Q_2+Q_2'-Q_1')\mathrm{d}t$$

式中，P_{event2} 为本次降水过程的降水入渗补给量，L；t_2 为本次降水过程开始的时间，s；Q_2 为本次降水过程岩溶泉实测流量，L/s；Q_2' 为本次降水过程岩溶泉的衰减流量，L/s。

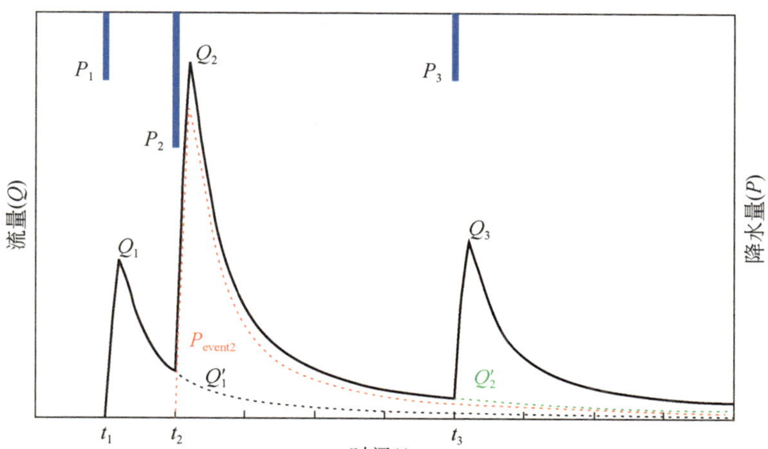

图 2.4　本次降水入渗过程原理示意图

本次降水过程产生的径流深度：

$$R_{\text{event2}}=\frac{P_{\text{event2}}}{F}\times 10^{-6}$$

式中，R_{event2} 为本次降水过程产生的径流深度，mm；F 为岩溶泉域的面积，km^2。

本次降水过程的降水入渗补给系数：

$$\alpha=\frac{P_{\text{event2}}}{FP_2}\times 10^{-6}$$

式中，α 为本次降水过程的降水入渗补给系数，无量纲；P_2 为本次降水的降水量，mm。

（2）在江汉平原，针对平原区水稻种植不同阶段地下水入渗补给的机理不同，提出了水稻田生长期降水及灌溉补给量计算方法，并针对水稻与旱地作物轮作的特点，细化了同一区域年内不同作物种植时期的地下水入渗补给评价方法，具体如下：

水稻田生长期降水及灌溉入渗补给量：

$$Q_1=10^{-1}\varphi tF_1$$

式中，Q_1 为水稻田生长期降水及灌溉入渗补给量，万 m^3；φ 为水稻田生长期入渗率，mm/d；t 为水稻田生长天数（包括泡田期），天；F_1 为评价区水稻田面积，km^2。

水稻田旱作期降水入渗补给量：

$$Q_2=10^{-1}\alpha PF_1$$

式中，Q_2 为水稻田旱作期降水入渗补给量，万 m^3；P 为水稻田旱作期的降水量，mm。

2）山前河谷潜流侧向补给量

根据河谷断面参数和两侧水位差，采用达西定律求得山前河谷潜流侧向补给量：

$$Q_{\text{河谷}}=KFI$$

式中，$Q_{\text{河谷}}$ 为山前河谷潜流侧向补给量，万 m^3/a；K 为含水岩层渗透系数，m/d；F 为过水断面的面积，m^2；I 为水力坡度，无量纲。

3）山前非河谷侧向补给量

采用地下水动力学法计算山前非河谷侧向补给量：

$$Q_{\text{侧补}}=10^{-4}KILmt\sin\theta$$

式中，$Q_{\text{侧补}}$ 为年山前非河谷侧向补给量，万 m^3/a；K 为剖面位置的渗透系数，m/d；I 为垂直于计算断面的水力坡度，无量纲；L 为过水断面长度，m；m 为含水层厚度，m；t 为计算时间，天；θ 为地下水流向与断面夹角，°。

山前非河谷侧向补给量在侧渗断面参数未发生变化时也可采用比拟法计算，利用第二轮地下水资源评价得到的 1999 年河川基流量与本次计算的 2021 年河川基流量的变化率乘以 1999 年山前非河谷侧向补给量求得。

4）河道入渗补给量

河道入渗补给量采用水量平衡法计算，河道径流量采用收集的水文站实测径流，河道长

度与宽度来源于第三次全国国土调查成果，缺少河道入渗补给系数资料的河段，采用比拟法大致确定。河道入渗补给量计算公式为

$$Q_{河补}=Q_{年径流}\alpha_{河}$$

式中，$Q_{河补}$为河道入渗补给量，万 m^3/a；$Q_{年径流}$为河道上、下游水文站断面实测年径流量差，万 m^3/a；$\alpha_{河}$为河道入渗补给系数，无量纲。

5）水库入渗补给量

水库入渗补给量计算公式为

$$Q_{库渗}=Q_{库容}\alpha_{库}$$

式中，$Q_{库渗}$为水库入渗补给量，万 m^3/a；$Q_{库容}$为水库库容，万 m^3/a；$\alpha_{库}$为水库入渗补给系数，无量纲。

6）渠系入渗补给量

渠系是指干、支、斗、农、毛各级渠道的统称。渠系水位一般均高于其岸边的地下水位，故渠系水一般补给地下水。本次渠系入渗补给量计算公式为

$$Q_{渠系补}=Q_{渠首引}\alpha_{渠}$$

式中，$Q_{渠系补}$为年渠系入渗补给量，万 m^3/a；$Q_{渠首引}$为渠首引水量，万 m^3/a；$\alpha_{渠}$为渠系入渗补给系数，无量纲，

$$\alpha_{渠}=(1-\eta)\gamma$$

式中，η为渠系水有效利用系数，无量纲；γ为渠系渗漏补给地下水量与渠系损失水量的比值，又称渠系渗漏修正系数，无量纲。

7）渠灌田间入渗补给量

渠灌田间入渗补给量计算公式为

$$Q_{渠灌}=Q_{渠田}\alpha_{渠田}$$

式中，$Q_{渠灌}$为渠灌田间入渗补给量，万 m^3/a；$Q_{渠田}$为渠灌水进入田间的水量，万 m^3/a；$\alpha_{渠田}$为渠灌田间入渗补给系数，无量纲。

8）井灌田间入渗补给量

井灌田间入渗补给量计算公式为

$$Q_{井灌}=Q_{井田}\alpha_{井田}$$

式中，$Q_{井灌}$为井灌田间入渗补给量，万 m^3/a；$Q_{井田}$为井灌水进入田间的水量，万 m^3/a；$\alpha_{井田}$为井灌田间入渗补给系数，无量纲。

9）泉水灌溉田间入渗补给量

泉水灌溉田间入渗补给量公式为

$$Q_{泉灌}=Q_{泉引}\alpha_{泉田}$$

式中，$Q_{泉灌}$为泉水灌溉田间入渗补给量，万 m^3/a；$Q_{泉引}$为泉水引灌进入田间的水量，万 m^3/a；

$\alpha_{泉田}$为泉水灌溉田间入渗补给系数，无量纲。

2. 排泄量

1）地下水开采量

开采量通过收集各地区最新水资源公报、水利年报等统计，研究程度较高的地区利用第三次全国国土调查数据统计土地利用类型，通过灌溉定额及灌溉水来源等相关数据进行核实。

2）潜水蒸发量

潜水蒸发量是指潜水在毛细管作用下，通过包气带岩土向上运动造成的蒸发量，包括棵间蒸发量和植物根系吸收造成的叶面蒸腾–蒸发量两个部分。潜水蒸发量计算公式为

$$E_g = 10^{-1}CE_{601}F$$

式中，E_g 为潜水蒸发量，万 m^3/a；E_{601} 为水面蒸发量，采用 E601 型蒸发器的观测值或折算的 E601 蒸发量，mm；C 为潜水蒸发系数，无量纲；F 为评价区的面积，km^2。部分地区依据收集到的实际蒸散发数据进行计算。

3）河道排泄量

当河道内河水的水位低于岸边地下水位时，地下水向河道排泄，排泄的水量称为河道排泄量。河道排泄量计算公式为

$$Q_{河排} = 10^{-4}KIFLt$$

式中，$Q_{河排}$为河道排泄量，万 m^3/a；K 为剖面位置的渗透系数，m/d；I 为垂直于河道过水断面的水力坡度，无量纲；F 为单侧河每米河长过水断面的面积，m^2/m；L 为过水断面长度，m；t 为计算时间，天。

4）湖库排泄量

湖库排泄量主要参考近年来各类水文地质与水资源调查等地质调查获取的湖库排泄量成果，计算公式参见水库入渗补给量。

5）泉流量

泉流量以近年来开展的水文地质与水资源调查监测数据为主。

6）侧向流出量

以地下潜流形式流出评价区的水量称为侧向流出量。侧向流出量只评价排入荒漠区和境外的地下径流量，根据过水断面参数和两侧水位差，采用达西定律求得

$$Q_{测出} = K_1F_1I_1$$

式中，$Q_{测出}$为侧向流出量，万 m^3/a；K_1 为过水断面含水岩层渗透系数，m/d；F_1 为过水断面面积，m^2；I_1 为过水断面两侧水力坡度，无量纲。

7）城镇与工程建设排水量、矿坑排水量

城镇与工程建设排水量、矿坑排水量主要使用统计年鉴数据或相关企业统计数据。

8）越流补给量

两个相邻含水层间的间隙层为弱透水层，且两含水层水位不同时，则高水位含水层中的地下水可透过间隙层补给低水位含水层，该补给量称为越流补给量，可采用地下水动力学法计算：

$$Q_{越流}=10^2K_{隔}F_{隔}t\Delta h/m_{隔}$$

式中，$Q_{越流}$为越流补给量，万 m^3/a；$K_{隔}$为隔水层渗透系数，m/d；$F_{隔}$为隔水层面积，m^2；t 为计算时间，天；Δh 为隔水层两侧含水层水位（头）差，m；$m_{隔}$为隔水层厚度，m。

3. 山丘区与平原区地下水资源重复量

山丘区与平原区地下水资源重复量主要包括山盆间河道基流在平原区形成的补给量、山前河谷潜流侧向补给量和山前非河谷侧向补给量。

4. 地下水储变量

地下水储变量主要是浅层地下水储变量，是指评价单元年初浅层地下水储存量与年末浅层地下水储存量的差值。通常采用下式计算：

$$\Delta W=10^{-2}(H_1-H_2)\mu F$$

式中，ΔW 为年浅层地下水储变量，万 m^3/a；H_1 为计算时段初地下水位，m；H_2 为计算时段末地下水位，m；μ 为地下水位变幅带的给水度，无量纲；F 为计算区域的面积，km^2。

5. 均衡校验

根据源汇项计算结果，对比地下水储变量与补排差（补给量与排泄量的差值），计算相对均衡差。若相对均衡差＞15%，依据地下水储变量计算结果，调整水文地质参数，降低相对均衡差；直到相对均衡差≤15%，完成参数调整与均衡计算。

二、地下水质量评价方法

本次全国地下水质量监测指标共 37 项，依据国标《地下水质量标准》（GB/T 14848—2017），并综合考虑地下水天然背景和使用功能，选择 26 项指标进行评价，包括：总硬度、溶解性总固体、硫酸盐、氯化物、铁、锰、铜、锌、铝、挥发性酚类、阴离子合成洗涤剂、耗氧量、氨氮、硫化物、钠等感官性状及一般化学指标共 15 种，以及亚硝酸盐、硝酸盐、氰化物、氟化物、碘化物、汞、砷、硒、镉、铬、铅等毒理学指标共 11 种。

按照国标《地下水质量标准》（GB/T 14848—2017）规定，首先根据各指标的限值对地下水组分进行单指标质量分级，再采用综合评价方法进行综合质量分级，将地下水质量分为五类。

Ⅰ类：地下水化学组分含量低，适用于各种用途；

Ⅱ类：地下水化学组分含量较低，适用于各种用途；

Ⅲ类：地下水化学组分含量中等，主要适用于集中式生活饮用水水源及工农业用水；

Ⅳ类：地下水化学组分含量较高，以农业、工业用水质量要求和一定水平的人体健康风险为依据，适用于农业和部分工业用水，适当处理后可作为生活饮用水；

Ⅴ类：地下水化学组分含量高，不宜作为生活饮用水水源，其他用水可根据使用目的选用。

第四节　评价参数更新与年度国土变更调查数据利用

山丘区地下水资源评价参数主要包括了基径比（ζ）、降水入渗系数（α）等。平原区包括降水入渗补给系数（α）、河道入渗补给系数（$\alpha_{河}$）、渠系入渗补给系数（$\alpha_{渠}$）、渠灌田间入渗补给系数（$\beta_{渠田}$）、井灌田间入渗补给系数（$\alpha_{井田}$）、湖库入渗补给系数、渗透系数（K）、潜水蒸发系数（C）等。

本次评价参数为全国地下水资源周期评价（2000~2020 年）经多次校核、修正后所采用的评价参数。全国地下水资源周期评价是以 21 世纪初完成的全国地下水资源评价采用的水文地质参数为基础，利用 2000 年以来 1:5 万水文地质调查、国家地下水监测工程、各地地下水勘探开发形成的专业勘探资料，以及北京通州、河北正定、河南郑州、新疆昌吉、安徽五道沟、广西丫吉等近 20 处水均衡试验场的参数研究成果，进行参数分区和更新，重点更新了降水入渗补给系数、渗透系数、渠系入渗补给系数、径流模数等，尤其是针对地下水埋深变化、包气带厚度增加对降水入渗补给系数变化的影响开展研究，更新评价参数。

在 2021 年度基础上，更新利用了 2022 年度全国国土变更调查数据，基于地理信息系统（geographical information system，GIS），将全国各地市级土地利用类型数据进行合并和分割，形成评价单元、评价单元子区、参数分区的土地利用类型数据，用于地下水资源评价参数确定、重点地区地下水资源利用量校核、地下水资源量核算等工作内容。

第三章

地下水资源数量

第一节　全国地下水资源量

2022年，全国TDS ≤ 1g/L的地下水资源量为7409.53亿m^3/a、1 < TDS ≤ 2g/L的地下水资源量为1213.36亿m^3/a、2 < TDS ≤ 3g/L的地下水资源量为134.74亿m^3/a、3 < TDS ≤ 5g/L的地下水资源量为81.16亿m^3/a/、5g/L < TDS的地下水资源量为45.04亿m^3/a，即TDS ≤ 2g/L的地下水资源量为8622.89亿m^3/a，TDS > 2g/L的地下水资源量为260.93亿m^3/a，全国地下水资源量合计8883.82亿m^3/a，平均地下水资源模数（以下简称“地下水资源模数”）为9.45万$m^3/(km^2 \cdot a)$（表3.1）。

表3.1　全国不同TDS区间地下水资源量统计表

区间	TDS ≤ 1g/L	1 < TDS ≤ 2g/L	2 < TDS ≤ 3g/L	3 < TDS ≤ 5g/L	TDS > 5g/L
不同TDS区间地下水资源量/(亿m^3/a)	7409.53	1213.36	134.74	81.16	45.04
TDS ≤ 2g/L和TDS > 2g/L的地下水资源量/(亿m^3/a)	8622.89		260.93		
地下水资源量合计/(亿m^3/a)	8883.82				
地下水资源模数/[万$m^3/(km^2 \cdot a)$]	9.45				

一、山丘区和平原区地下水资源量

由于山丘区和平原区的补给、径流、排泄、储存条件，以及计算方法不同，对分布于山丘区和平原区的地下水资源量分别进行计算，在汇总时扣除山丘区与平原区地下水资源重复量。

山丘区地下水资源量大于平原区，而山丘区地下水资源模数小于平原区。根据2022年评价结果，全国山丘区地下水资源量为7007.70亿m^3/a，占全国地下水资源量的76.73%，地下水资源模数为9.66万$m^3/(km^2 \cdot a)$；全国平原区地下水资源量为2124.76亿m^3/a，占全国地下水资源总量23.27%，地下水资源模数为9.90万$m^3/(km^2 \cdot a)$；山丘区与平原区地下水资源重复量为248.64亿m^3/a（表3.2和图3.1）。

表3.2　山丘区和平原区地下水资源量统计表

地区	地下水资源量/(亿m^3/a)	地下水资源量占比/%	地下水资源模数/[万$m^3/(km^2 \cdot a)$]
山丘区	7007.70	76.73	9.66
平原区	2124.76	23.27	9.90
山丘区与平原区（重复）	248.64	—	—
全国	8883.82	100	9.45

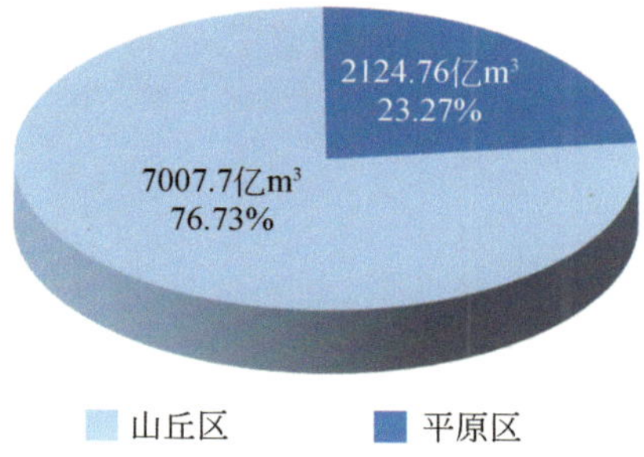

图 3.1　山丘区与平原区地下水资源量占比图

二、南方地区与北方地区地下水资源量

秦岭—淮河一线不仅是我国自然地理分界，也是我国地下水资源形成和分布南北差异的分界线，此线以北包括松花江流域、辽河流域、海河流域、黄河流域、淮河流域、河西走廊、柴达木–青海湖盆地、准噶尔盆地、塔里木盆地、羌塘高原 11 个地下水资源一级区，同时本次评价将北京、天津、河北、山西、内蒙古、辽宁、吉林、黑龙江、山东、河南、陕西、甘肃、青海、宁夏、新疆等 15 个省（自治区、直辖市）划为北方地区省份；南方地区包括长江流域、东南诸河流域、珠江流域、西南诸河流域 4 个地下水资源一级区，并将上海、江苏、浙江、安徽、福建、江西、湖北、湖南、广东、广西、海南、重庆、四川、贵州、云南、西藏、香港、澳门、台湾等 19 个省（自治区、直辖市）划为南方地区省份。

2022 年，南方地区地下水资源量为 5999.10 亿 m^3/a，占全国地下水资源量的 67.53%，地下水资源模数为 17.44 万 $m^3/(km^2 \cdot a)$；其中，TDS ≤ 2g/L 的地下水资源量为 5992.89 亿 m^3/a，占全国 TDS ≤ 2g/L 的地下水资源量的 69.50%。北方地区地下水资源量为 2884.72 亿 m^3/a，占全国地下水资源量的 32.47%，地下水资源模数为 4.84 万 $m^3/(km^2 \cdot a)$，不足南方地区地下水资源模数的 1/3；其中，TDS ≤ 2g/L 的地下水资源量为 2630.00 亿 m^3/a，占全国的 30.50%（表 3.3 和图 3.2）。

表 3.3　南方地区和北方地区地下水资源量统计表

地区	地下水资源量 /(亿 m^3/a)		地下水资源量占比 /%		地下水资源模数 /[万 $m^3/(km^2 \cdot a)$]
	全部	TDS ≤ 2g/L	全部	TDS ≤ 2g/L	
南方地区	5999.10	5992.89	67.53	69.50	17.44
北方地区	2884.72	2630.00	32.47	30.50	4.84
全国	8883.82	8622.89	100	100	9.45

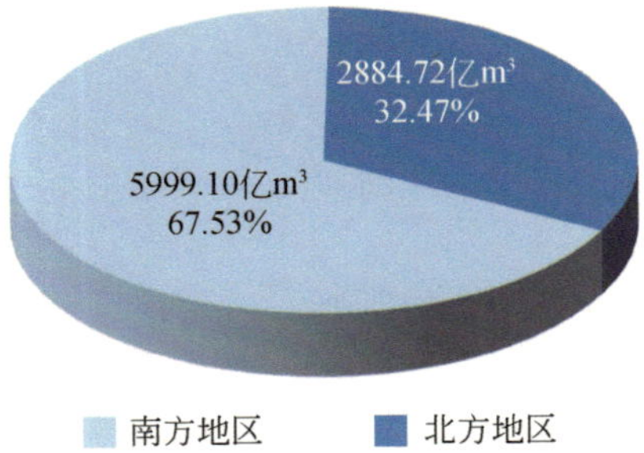

图 3.2　南方地区与北方地区地下水资源量占比图

（一）南方地区

2022 年，南方地区山丘区地下水资源量为 5271.73 亿 m^3/a，占南方地区地下水资源量的 87.73%，地下水资源模数为 16.55 万 $m^3/(km^2 \cdot a)$；平原区地下水资源量为 737.36 亿 m^3/a，占南方地区地下水资源量的 12.27%，地下水资源模数为 29.10 万 $m^3/(km^2 \cdot a)$（表 3.4 和图 3.3）。山丘区与平原区地下水资源重复量为 9.99 亿 m^3/a。

表 3.4　南方地区山丘区和平原区地下水资源量统计表

地区	地下水资源量 /(亿 m^3/a)	地下水资源量占比 /%	地下水资源模数 /[万 $m^3/(km^2 \cdot a)$]
山丘区	5271.73	87.73	16.55
平原区	737.36	12.27	29.10
山丘区与平原区（重复）	9.99	—	—
南方地区	5999.10	100	17.44

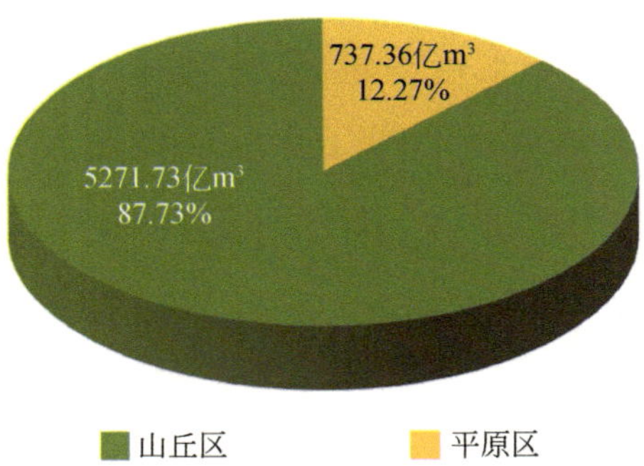

图 3.3　南方地区山丘区与平原区地下水资源量占比图

（二）北方地区

2022 年，北方地区的山丘区地下水资源量为 1735.97 亿 m^3/a，占北方地区地下水资源量的 55.58%，地下水资源模数为 4.27 万 $m^3/(km^2 \cdot a)$；平原区地下水资源量为 1387.40 亿 m^3/a，占北方地区地下水资源量的 44.42%，地下水资源模数 7.33 万 $m^3/(km^2 \cdot a)$。山丘区与平原区地下水资源重复量为 238.65 亿 m^3/a（表 3.5 和图 3.4）。

表 3.5　北方地区山丘区和平原区地下水资源量统计表

地区	地下水资源量 /(亿 m^3/a)	地下水资源量占比 /%	地下水资源模数 /[万 $m^3/(km^2 \cdot a)$]
山丘区	1735.97	55.58	4.27
平原区	1387.40	44.42	7.33
山丘区与平原区（重复）	238.65	—	—
北方地区	2884.72	100	4.84

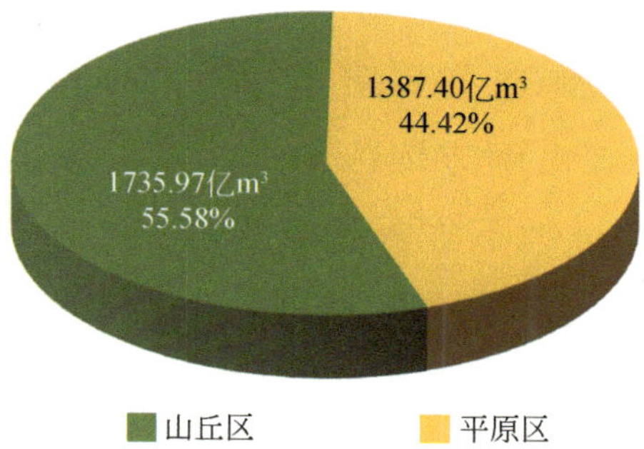

图 3.4　北方地区山丘区与平原区地下水资源量占比图

三、不同类型含水介质地下水资源量

按照不同类型含水介质对全国地下水资源量进行分类统计（表 3.6 和图 3.5），2022 年全国评价结果表明，地下水资源量以裂隙水为主，孔隙水和岩溶水资源量基本相当。

裂隙水主要分布在山地和丘陵地区，含水层主要为碎屑岩、变质岩和岩浆岩等，裂隙水地下水资源量为 3951.35 亿 m^3/a，占全国地下水资源量的 44.48%。

孔隙水主要分布于平原、山间盆地和大型河谷平原的第四系含水岩层之中，孔隙水地下水资源量为 2475.84 亿 m^3/a，占全国地下水资源量的 27.87%。

岩溶水主要分布在我国西南地区，碳酸盐岩岩层厚度大、分布广、质纯，岩溶发育强烈，岩溶水地下水资源量为 2456.63 亿 m^3/a，占全国地下水资源量的 27.65%。

表 3.6　不同类型含水介质地下水资源量统计表

含水层介质类型	孔隙水	裂隙水	岩溶水	合计
地下水资源量 /(亿 m^3/a)	2475.84	3951.35	2456.63	8883.82
地下水资源量占比 /%	27.87	44.48	27.65	100

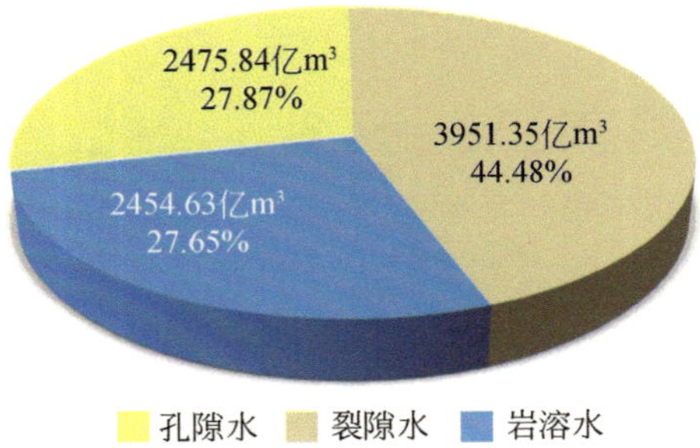

图 3.5　不同类型含水介质地下水资源量占比图

（一）南方地区

南方地区地下水资源中以裂隙水和岩溶水为主，孔隙水分布较少。2022 年，孔隙水地下水资源量为 904.16 亿 m^3/a，占南方地区地下水资源量的 15.07%；裂隙水地下水资源量为 2804.16 亿 m^3/a，占南方地区地下水资源量的 46.74%，占全国裂隙水地下水资源量的 70.97%；岩溶水地下水资源量为 2290.78 亿 m^3/a，占南方地区地下水资源量的 38.19%，占全国岩溶水地下水资源量的 93.25%（表 3.7 和图 3.6）。

表 3.7　南方地区不同类型含水介质地下水资源量统计表

含水介质类型	孔隙水	裂隙水	岩溶水	合计
地下水资源量 /(亿 m^3/a)	904.16	2804.16	2290.78	5999.10
地下水资源量占比 /%	15.07	46.74	38.19	100

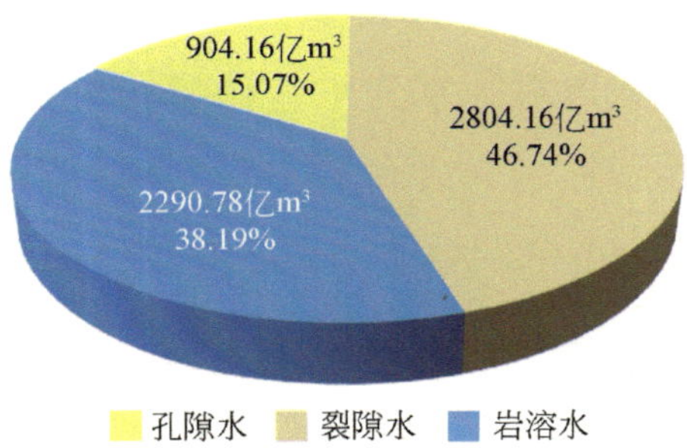

图 3.6　南方地区不同类型含水介质地下水资源量占比图

（二）北方地区

北方地区地下水资源量中以孔隙水和裂隙水为主，岩溶水分布极少。2022 年，孔隙水地下水资源量为 1571.68 亿 m^3/a，占北方地区地下水资源量的 54.48%，占全国孔隙水地下水资源量的 63.48%；裂隙水地下水资源量为 1147.19 亿 m^3/a，占北方地区地下水资源量的 39.77%；岩溶水地下水资源量仅为 165.85 亿 m^3/a，占北方地区地下水资源量的 5.75%（表 3.8 和图 3.7）。

表 3.8　北方地区不同类型含水介质地下水资源量统计表

含水介质类型	孔隙水	裂隙水	岩溶水	合计
地下水资源量 /(亿 m^3/a)	1571.68	1147.19	165.85	2884.72
地下水资源量占比 /%	54.48	39.77	5.75	100

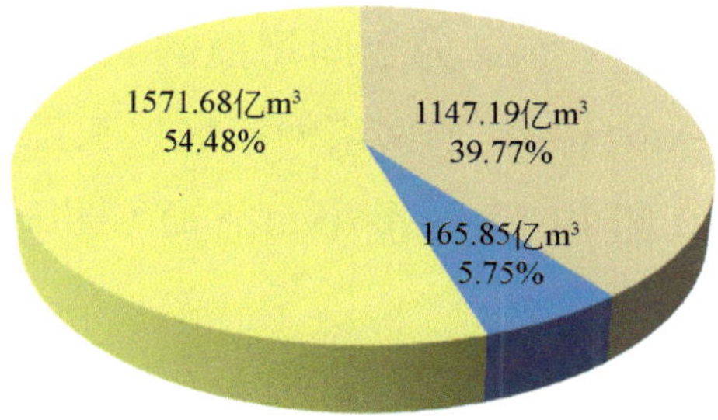

图 3.7　北方地区不同类型含水介质地下水资源量占比图

第二节　地下水资源一级区地下水资源量

一、地下水资源量

2022 年，在北方地区 11 个地下水资源一级区中，松花江流域地下水资源区地下水资源量最大，为 483.63 亿 m^3/a，占北方地区地下水资源量的 16.77%，占全国地下水资源量的 5.44%；黄河流域、塔里木盆地、海河流域、淮河流域地下水资源区地下水资源量超过 300 亿 m^3/a，分别为 427.81 亿 m^3/a、426.60 亿 m^3/a、347.06 亿 m^3/a 和 339.27 亿 m^3/a，分别占北方地区地下水资源量的 14.83%、14.79%、12.03% 和 11.76%，分别占全国地下水资源量的 4.82%、4.80%、3.91% 和 3.82%；内蒙古高原、河西走廊及北山地下水资源区地下水资源量不足 100 亿 m^3/a，分别为 38.35 亿 m^3/a 和 84.69 亿 m^3/a，分别仅占全国地下水资源量的 0.43% 和 0.95%。海河流域、淮河流域地下水资源区地下水资源模数较大，分别达到了 10.89 万 $m^3/(km^2 \cdot a)$ 和 10.86 万 $m^3/(km^2 \cdot a)$，超过北方地区地下水资源模数的 2 倍；其余地下水资源一级区地下水资源模数均小于 10 万 $m^3/(km^2 \cdot a)$，其中内蒙古高原、河西走廊及北山地下水资源区地下水资源量不足 2 万 $m^3/(km^2 \cdot a)$，分别仅 1.63 万 $m^3/(km^2 \cdot a)$ 和 1.33 万 $m^3/(km^2 \cdot a)$，内蒙古高原地下水资源区地下水资源模数全国最低，不足北方地区地下水资源模数的 1/3（附图 3）。

2022 年，在南方地区 4 个地下水资源一级区中，长江流域地下水资源区地下水资源量全国最大，达 2351.19 亿 m^3/a，占南方地区地下水资源量的 39.19%，占全国地下水资源量的 26.47%。珠江流域、西南诸河流域地下水资源区地下水资源量均超过 1000 亿 m^3/a，分别为

1793.78 亿 m^3/a 和 1355.37 亿 m^3/a，分别占南方地区地下水资源量的 29.90% 和 22.59%，占全国地下水资源量的 20.19% 和 15.26%；东南诸河流域（含台湾岛）地下水资源区地下水资源量在南方地区最小，为 498.71 亿 m^3/a，仅占南方地区地下水资源量的 8.31%。南方地区各一级区地下水资源模数均超过 10 万 $m^3/(km^2 \cdot a)$，其中，珠江流域地下水资源区地下水资源模数全国最大，达 30.83 万 $m^3/(km^2 \cdot a)$，为全国均值的 3.26 倍；东南诸河地下水资源区地下水资源模数达到 20.59 万 $m^3/(km^2 \cdot a)$；西南诸河流域、长江流域地下水资源区地下水资源模数分别为 15.93 万 $m^3/(km^2 \cdot a)$ 和 13.32 万 $m^3/(km^2 \cdot a)$（图 3.8、图 3.9，附图 3）。

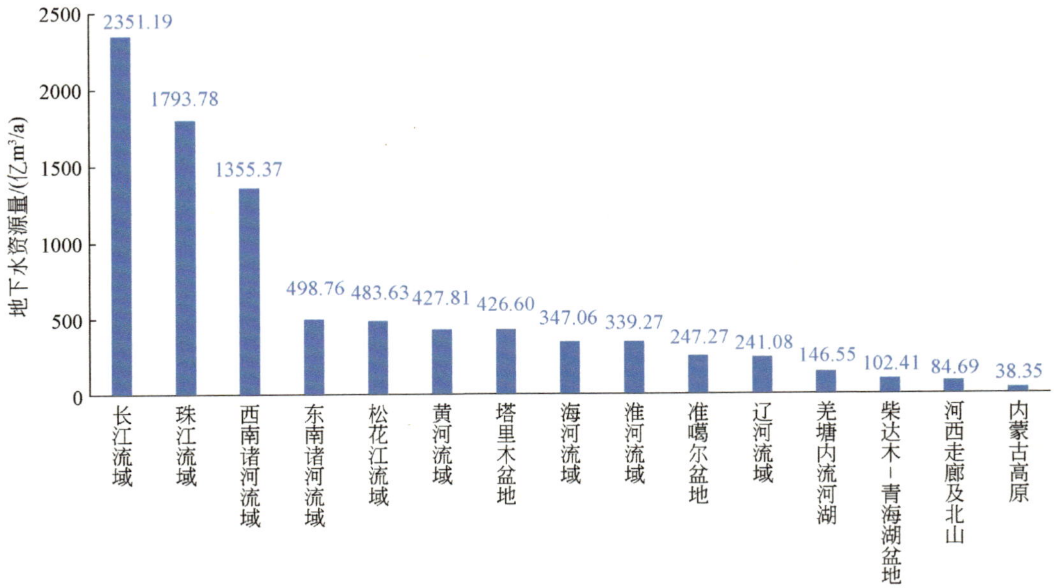

图 3.8　地下水资源一级区地下水资源量（2022 年）

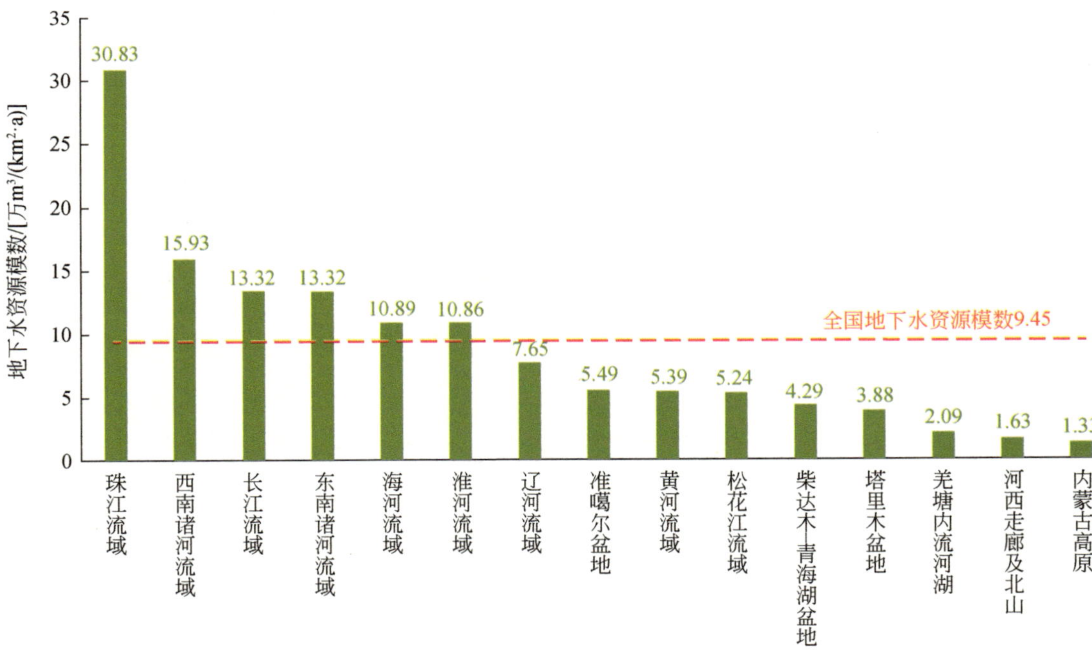

图 3.9　地下水资源一级区地下水资源模数（2022 年）

2022年，地下水开发利用程度较高的17个主要平原盆地（表3.9，附表4）地下水资源量为1914.15亿m^3/a，占全国平原区地下水资源量的90.09%。17个主要平原盆地中13个位于北方地区，地下水资源量为1596.60亿m^3/a，占全国的83.34%；南方地区4个主要平原盆地地下水资源量为317.55亿m^3/a，占全国的16.66%。

北方地区的13个平原盆地中，塔里木盆地、黄淮平原和华北平原地下水资源量较大，分别达313.18亿m^3/a、280.94亿m^3/a和240.79亿m^3/a；同时，地下水资源模数差别较大，黄淮平原、华北平原地下水资源模数分别为13.46万$m^3/(km^2 \cdot a)$和17.44万$m^3/(km^2 \cdot a)$，其中，华北平原地下水资源模数在北方地区最大，塔里木盆地仅5.56万$m^3/(km^2 \cdot a)$。河套平原、银川平原地下水资源量不足40亿m^3/a，其中银川平原仅15.16亿m^3/a；河西走廊地下水资源模数全国最小，仅3.35万$m^3/(km^2 \cdot a)$。

南方地区的4个平原盆地中，四川盆地地下水资源量最大，为107.31亿m^3/a，但地下水资源模数在南方地区最小，仅4.62万$m^3/(km^2 \cdot a)$；珠江三角洲地下水资源模数全国最大，为25.97万$m^3/(km^2 \cdot a)$。

表3.9　17个主要平原盆地地下水资源量统计表（2022年）

序号	平原盆地名称	面积/万km^2	地下水资源量/(亿m^3/a)	地下水资源模数/[万$m^3/(km^2 \cdot a)$]
1	松嫩平原	18.21	149.68	8.22
2	辽河平原	9.75	116.23	11.92
3	三江平原	4.1	61.83	15.08
4	华北平原	13.81	240.79	17.44
5	黄淮平原	20.95	281.94	13.46
6	鄂尔多斯盆地	14.65	75.06	5.12
7	河套平原	2.87	32.68	11.39
8	银川平原	0.75	15.16	20.21
9	汾渭盆地	3.7	43.90	11.86
10	准噶尔盆地	12.99	138.10	10.63
11	塔里木盆地	56.37	313.18	5.56
12	河西走廊	16.45	55.06	3.35
13	柴达木盆地	11.91	72.99	6.13
北方地区小计		186.51	1596.60	8.56
14	四川盆地	23.24	107.31	4.62
15	江汉－洞庭湖平原	6.62	88.88	13.43
16	长江三角洲	4.78	51.24	10.72
17	珠江三角洲	2.7	70.12	25.97
南方地区小计		37.34	317.55	8.50
全国合计		223.85	1914.15	8.55

二、不同TDS类型地下水资源量

按照不同TDS类型，分别统计地下淡水（TDS ≤ 1g/L）、地下微咸水（1g/L ＜ TDS ≤ 10g/L）和地下咸水（10g/L ＜ TDS ≤ 100g/L）资源量。

（一）地下淡水资源量

2022 年，北方地区地下淡水资源量为 2028.61 亿 m^3/a，占北方地区地下水资源量的 70.38%，占全国地下淡水资源量的 27.38%。11 个地下水资源一级区中，松花江流域地下水资源区地下淡水资源量最大，为 479.28 亿 m^3/a，占北方地区地下淡水资源量的 23.61%，占全国地下淡水资源量的 6.47%；黄河流域、淮河流域、辽河流域、海河流域地下水资源区地下淡水资源量均超过 200 亿 m^3/a，分别为 353.55 亿 m^3/a、245.37 亿 m^3/a、232.44 亿 m^3/a 和 218.88 亿 m^3/a，分别占北方地区地下淡水资源量的 17.43%、12.10%、11.46% 和 10.79%，分别占全国地下淡水资源量的 4.77%、3.31%、3.13% 和 2.95%；内蒙古高原、河西走廊及北山、柴达木－青海湖盆地地下水资源区地下淡水资源量均不足 100 亿 m^3/a，分别仅为 36.66 亿 m^3/a、56.79 亿 m^3/a 和 67.09 亿 m^3/a，分别仅占全国地下淡水资源量的 0.50%、0.77% 和 0.90%，其中内蒙古高原地下水资源区地下淡水资源量全国最小。

2022 年，南方地区地下淡水资源量为 5380.92 亿 m^3/a，占南方地区地下水资源量的 89.70%，占全国地下淡水资源量的 72.62%。4 个地下水资源一级区中，长江流域地下水资源区地下淡水资源量全国最大，达 2350.25 亿 m^3/a，占南方地区地下淡水资源量的 43.68%，占全国地下淡水资源量的 31.71%；东南诸河流域地下水资源区地下淡水资源量南方最小，为 498.71 亿 m^3/a。

（二）地下咸水和地下微咸水资源量

2022 年，北方地区地下咸水和微咸水资源量为 856.11 亿 m^3/a，占北方地区地下水资源量的 29.62%，占全国地下咸水和地下微咸水资源量的 58.07%。11 个地下水资源一级区中，塔里木盆地地下水资源区地下咸水和地下微咸水资源量最大，为 342.03 亿 m^3/a，占北方地区地下咸水和地下微咸水资源量的 39.95%，占全国地下咸水和地下微咸水资源量的 23.20%；准噶尔盆地、海河流域地下水资源区地下咸水和地下微咸水资源量均超过 100 亿 m^3/a，分别为 139.84 亿 m^3/a 和 128.18 亿 m^3/a，分别占北方地区地下咸水和地下微咸水资源量的 16.33% 和 14.97%，分别占全国地下咸水和地下微咸水资源量的 9.49% 和 8.69%。根据本次评价的数据精度，羌塘高原地下水资源区无地下咸水和地下微咸水资源。

2022 年，南方地区地下咸水和地下微咸水资源量为 618.17 亿 m^3/a，占南方地区地下水资源量的 10.30%，占全国地下咸水和地下微咸水资源量的 42.93%。4 个地下水资源一级区中，珠江流域地下水资源区地下咸水和地下微咸水资源量为 617.18 亿 m^3/a，占南方地区地下咸水和地下微咸水资源量的 99.84%。根据本次评价的数据精度，西南诸河流域地下水资源区无地下咸水和地下微咸水资源。

三、不同类型含水介质地下水资源量

2022 年，北方地区 11 个地下水资源一级区中，孔隙水地下水资源量总体占比较高，各一级区孔隙水地下水资源量占比均超过 40%，河西走廊及北山、海河流域、柴达木－青海湖盆地、淮河流域地下水资源区孔隙水地下水资源量占比均超过本区地下水资源量的 55%，其中，河西走廊及北山地下水资源区达到了 86.27%。准噶尔盆地、内蒙古高原、松花江流域地下水资源区裂隙水地下水资源量占比均超过 50%。羌塘内湖河湖地下水资源区岩溶水地下水资源量占比 26.92%，其余一级区岩溶水资源量占比均在 17% 以下。

2022 年，南方地区以裂隙水和岩溶水为主，分别占南方地区地下水资源量的 46.74% 和 38.19%，分别占全国裂隙水和岩溶水地下水资源量的 70.97% 和 93.25%。东南诸河流域、西南诸河流域、长江流域地下水资源区裂隙水地下资源量分别占本区地下水资源量的 82.12%、72.25% 和 36.41%，分别占全国裂隙水地下水资源量的 11.10%、24.61% 和 22.00%；珠江流域、长江流域地下水资源区岩溶水地下水资源量分别占本区地下水资源量的 56.70% 和 46.79%，分别占全国岩溶水地下水资源量的 41.40% 和 44.79%（表 3.10）。

表 3.10　地下水资源一级区不同类型含水介质地下水资源量一览表（2022 年）

编号	地下水资源一级区名称	孔隙水		裂隙水		岩溶水	
		地下水资源量/(亿 m³/a)	占比 /%	地下水资源量/(亿 m³/a)	占比 /%	地下水资源量/(亿 m³/a)	占比 /%
GA	松花江流域地下水资源区	239.39	49.50	243.74	50.40	0.50	0.10
GB	辽河流域地下水资源区	118.39	49.11	114.87	47.65	7.82	3.24
GC	海河流域地下水资源区	248.18	71.51	43.31	12.48	55.57	16.01
GD	黄河流域地下水资源区	194.84	45.54	200.02	46.75	32.95	7.70
GE	淮河流域地下水资源区	196.29	57.86	126.48	37.28	16.50	4.86
GK Ⅰ	准噶尔盆地地下水资源区	107.68	43.55	139.59	56.45	—	—
GK Ⅱ	塔里木盆地地下水资源区	243.36	57.05	183.24	42.95	—	—
GK Ⅲ	羌塘内流河湖地下水资源区	69.17	47.20	37.93	25.88	39.45	26.92
GK Ⅳ	河西走廊及北山地下水资源区	73.07	86.27	9.70	11.46	1.92	2.27
GK Ⅴ	柴达木－青海湖盆地地下水资源区	62.63	61.15	28.64	27.97	11.14	10.88
GK Ⅵ	内蒙古高原地下水资源区	18.68	48.71	19.67	51.29	—	—
北方地区小计		1571.68	54.48	1147.19	39.77	165.85	5.75
GF	长江流域地下水资源区	285.15	12.13	965.81	41.08	1100.23	46.79
GG	东南诸河流域地下水资源区	109.05	21.87	376.85	75.56	12.86	2.58
GH	珠江流域地下水资源区	361.80	20.17	414.94	23.13	1017.04	56.70
GJ	西南诸河流域地下水资源区	148.16	10.93	1046.56	77.22	160.65	11.85
南方地区小计		904.16	15.07	2804.16	46.74	2290.79	38.19
全国合计		2475.84	27.87	3951.35	44.48	2456.63	27.65

注：“—”表示无该类型含水介质的地下水资源。

第三节　省级行政区地下水资源量

一、地下水资源量

2022 年，北方地区各省（自治区、直辖市）中，新疆地下水资源量最大，为 683.89 亿 m^3/a，占北方地区地下水资源量的 23.71%，占全国的 7.70%；黑龙江、青海、内蒙古、山东地下水资源量在 200 亿 m^3/a 以上，分别为 299.54 亿 m^3/a、297.81 亿 m^3/a、262.28 亿 m^3/a 和 220.07 亿 m^3/a，分别占全国地下水资源量的 3.37%、3.35%、2.95% 和 2.48%，其余省份地下水资源量多在 100 亿 ~200 亿 m^3/a；地下水资源量较小的北京、天津、宁夏的地下水资源量仅分别为 22.26 亿 m^3/a、14.98 亿 m^3/a 和 24.74 亿 m^3/a，分别占全国地下水资源量的 0.25%、0.17% 和 0.28%。山东地下水资源模数在北方地区最大，为 14.20 万 $m^3/(km^2 \cdot a)$；北京、天津地下水资源模数在 10 万 $m^3/(km^2 \cdot a)$ 以上；内蒙古、甘肃、新疆、宁夏、青海等 5 个省（自治区）地下水资源模数不足 5 万 $m^3/(km^2 \cdot a)$，内蒙古地下水资源模数全国最小，仅 2.24 万 $m^3/(km^2 \cdot a)$（图 3.10、图 3.11，附图 5）。

2022 年，南方地区各省（自治区、直辖市）中，西藏、云南、广西、广东、四川地下水资源量均超过 500 亿 m^3/a，分别为 1012.29 亿 m^3/a、791.12 亿 m^3/a、697.79 亿 m^3/a、637.96 亿 m^3/a 和 543.28 亿 m^3/a，分别占全国地下水资源量的 11.39%、8.91%、6.71%、6.26% 和 5.99%，合计占比为 41.45%。海南地下水资源模数全国最大，达到 37.49 万 $m^3/(km^2 \cdot a)$（图 3.10、图 3.11，附图 5）。

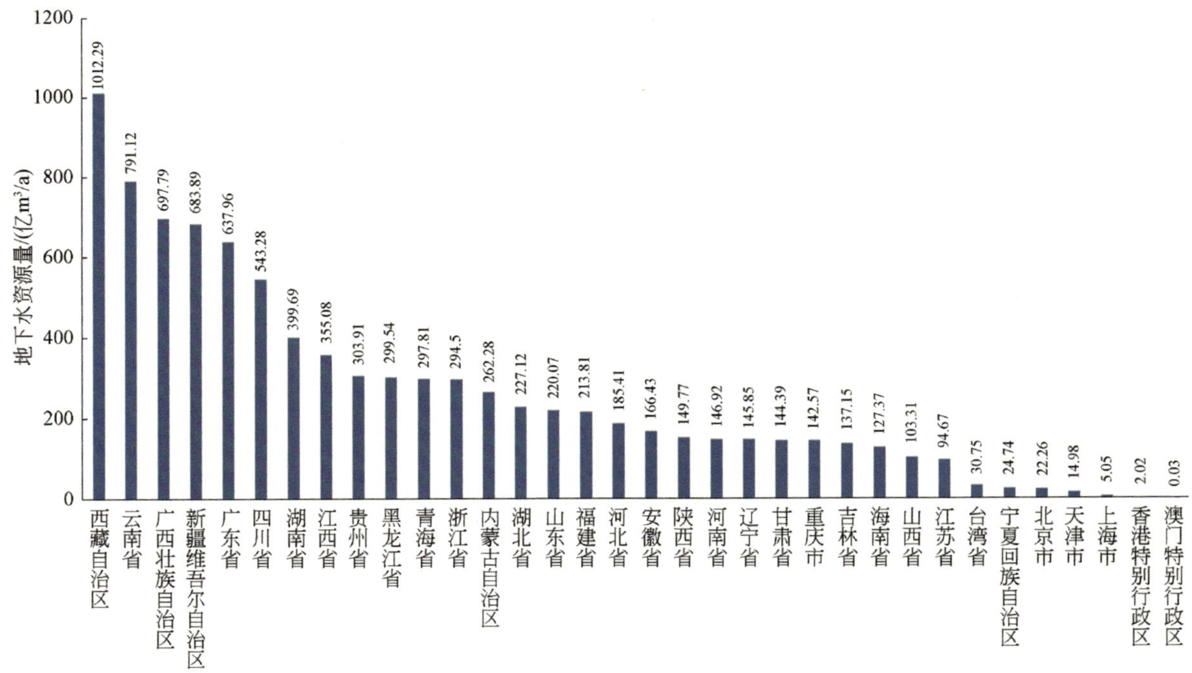

图 3.10　省级行政区地下水资源量图（2022 年）

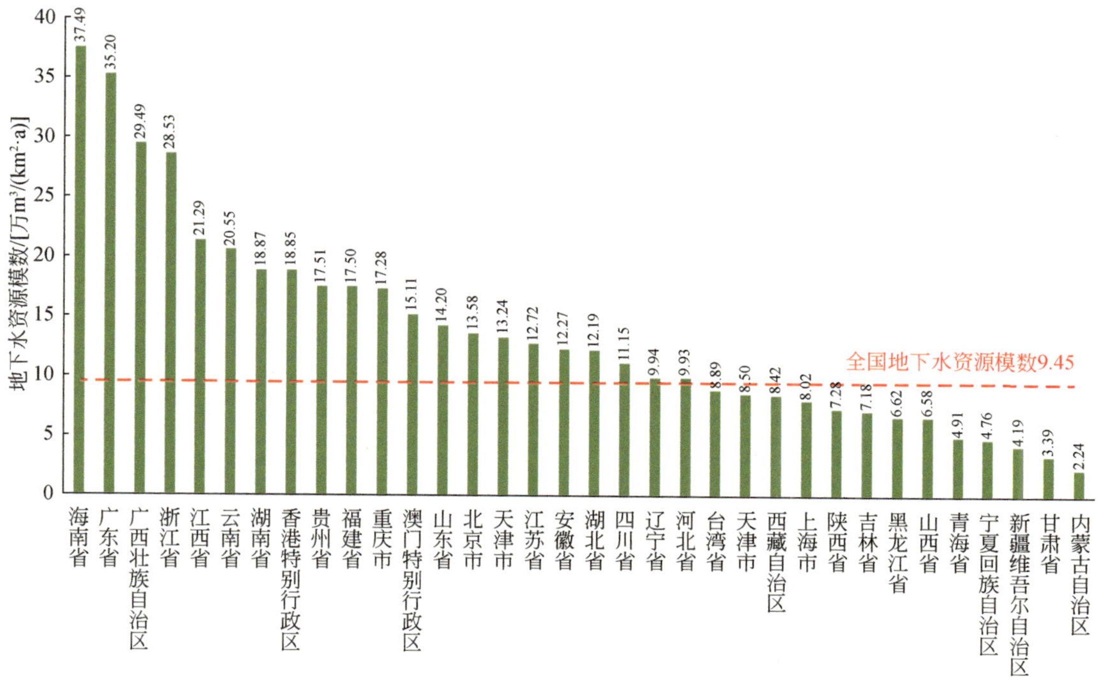

图 3.11　省级行政区地下水资源模数图（2022 年）

二、不同 TDS 类型地下水资源量

（一）地下淡水资源量

2022 年，北方地区各省（自治区、直辖市）中，黑龙江、青海、新疆地下淡水资源量均超过 200 亿 m^3/a，分别为 299.54 亿 m^3/a、264.06 亿 m^3/a 和 200.78 亿 m^3/a，分别占北方地区地下淡水资源量的 14.77%、13.02% 和 9.89%，合计占北方地区地下淡水资源量的 37.68%，占全国地下淡水资源量的 10.32%；黑龙江地下淡水资源量在北方地区最大；天津、宁夏地下淡水资源量不足 10 亿 m^3/a，分别为 3.33 亿 m^3/a 和 7.45 亿 m^3/a，分别仅占全国地下淡水资源量的 0.04% 和 0.10%。

2022 年，南方地区各省（自治区、直辖市）中，大部分省份地下淡水资源量超过 200 亿 m^3/a，其中西藏地下淡水资源量全国最大，达 1012.29 亿 m^3/a，占全国地下淡水资源量的 13.66%；云南、广西、四川地下淡水资源量均在 500 亿 m^3/a 以上；台湾、广东地下淡水资源量分别仅为 30.75 亿 m^3/a 和 24.13 亿 m^3/a。

（二）地下咸水和地下微咸水资源量

2022 年，北方地区各省（自治区、直辖市）中，新疆地下咸水和地下微咸水资源量最大，达 483.11 亿 m^3/a，占北方地区地下咸水和地下微咸水资源量的 56.43%，占全国地下咸水和地下微咸水资源量的 32.77%；河北、内蒙古、青海、甘肃地下咸水和地下微咸水资源量均在 20 亿 m^3/a 以上，分别为 63.60 亿 m^3/a、36.14 亿 m^3/a、33.75 亿 m^3/a、29.45 亿 m^3/a；山西、吉林地下咸水和地下微咸水资源量不足 5 亿 m^3/a；北京、黑龙江无地下咸水和微咸水资源。

2022 年，南方地区各省（自治区、直辖市）中，广东地下咸水和地下微咸水资源量全国最大，达 609.61 亿 m^3/a，占南方地区地下咸水和地下微咸水资源量的 98.62%，占全国地下咸水和地下微咸水资源量的 41.35%，主要分布在珠三角平原；福建、江西、湖北、湖南、广西、四川、贵州、云南、西藏评价中未发现地下咸水和地下微咸水资源。

三、不同类型含水介质地下水资源量

2022 年，北方地区各省（自治区、直辖市）中，北京、天津、河北、内蒙古、吉林、黑龙江、山东、宁夏和新疆孔隙水地下水资源量占比均在 50% 以上；仅辽宁和山东裂隙水地下水资源量占比高于 50%；除山西外，各省份岩溶水分布均较少。孔隙水主要分布在新疆、黑龙江、内蒙古、河北等 4 个省（自治区），地下水资源量分别为 351.09 亿 m^3/a、162.17 亿 m^3/a、142.60 亿 m^3/a 和 132.42 亿 m^3/a，均占全国孔隙水地下水资源量的 5% 以上，4 省（自治区）合计占比 31.84%，其中新疆孔隙水地下水资源量占全国孔隙水地下水资源量的 14.18%。裂隙水主要分布在新疆、青海、黑龙江、内蒙古等省（自治区），地下水资源量分别为 327.13 亿 m^3/a、138.55 亿 m^3/a、137.37 亿 m^3/a 和 118.72 亿 m^3/a，占全国裂隙水地下水资源量的比例分别为 8.28%、3.51%、3.48% 和 3.00%。

2022 年，南方地区各省（自治区、直辖市）中，福建、浙江、江西、西藏裂隙水地下水资源量占比超过 70%。岩溶水主要分布在广西、云南、贵州、湖南 4 省（自治区），地下水资源量分别为 561.35 亿 m^3/a、336.75 亿 m^3/a、290.98 亿 m^3/a 和 243.20 亿 m^3/a，分别占全国岩溶水地下水资源量的 22.85%、13.71%、11.84% 和 9.90%，4 省（自治区）合计占比为 58.30%（表 3.11）。

表 3.11　省级行政区不同类型含水介质地下水资源量一览表（2022 年）

序号	省（自治区、直辖市）	孔隙水		裂隙水		岩溶水	
		地下水资源量/(亿 m^3/a)	占比 /%	地下水资源量/(亿 m^3/a)	占比 /%	地下水资源量/(亿 m^3/a)	占比 /%
1	北京	15.75	70.75	2.55	11.46	3.96	17.79
2	天津	14.35	95.79	0.15	1.00	0.48	3.20
3	河北	132.42	71.42	28.43	15.33	24.56	13.25
4	山西	29.65	28.70	38.11	36.89	35.55	34.41
5	内蒙古	142.60	54.37	118.72	45.26	0.96	0.37
6	辽宁	54.78	37.56	84.94	58.23	6.14	4.21
7	吉林	76.48	55.77	58.25	42.47	2.42	1.76
8	黑龙江	162.17	54.14	137.37	45.86	—	—
9	上海	5.05	100.00	—	—	—	—
10	江苏	90.07	95.14	3.83	4.05	0.77	0.81

续表

序号	省（自治区、直辖市）	孔隙水		裂隙水		岩溶水	
		地下水资源量/(亿 m^3/a)	占比/%	地下水资源量/(亿 m^3/a)	占比/%	地下水资源量/(亿 m^3/a)	占比/%
11	浙江	54.08	18.36	231.66	78.66	8.77	2.98
12	安徽	100.47	60.37	62.18	37.36	3.77	2.27
13	福建	38.47	17.99	174.40	81.57	0.94	0.44
14	江西	17.99	5.07	272.52	76.75	64.57	18.18
15	山东	147.17	66.87	53.84	24.46	19.06	8.66
16	河南	56.69	38.58	78.86	53.68	11.37	7.74
17	湖北	63.24	27.84	77.34	34.05	86.54	38.10
18	湖南	34.62	8.66	121.87	30.49	243.20	60.85
19	广东	251.44	39.41	215.31	33.75	171.21	26.84
20	广西	69.93	10.02	66.51	9.53	561.35	80.45
21	海南	38.38	30.13	88.99	69.87	—	—
22	重庆	—	—	12.02	8.43	130.55	91.57
23	四川	45.65	8.40	276.60	50.91	221.03	40.68
24	贵州	0.05	0.02	12.87	4.24	290.98	95.75
25	云南	65.15	8.24	389.22	49.20	336.75	42.57
26	西藏	155.44	15.35	735.86	72.69	120.99	11.95
27	陕西	54.58	36.44	67.72	45.22	27.47	18.34
28	甘肃	54.88	38.01	62.17	43.05	27.34	18.93
29	青海	109.18	36.66	138.55	46.52	50.08	16.81
30	宁夏	19.01	76.84	5.59	22.59	0.14	0.57
31	新疆	351.09	51.34	327.13	47.83	5.68	0.83
32	香港	2.02	100.00	—	—	—	—
33	澳门	0.03	100.00	—	—	—	—
34	台湾	22.96	74.67	7.79	25.33	—	—
全国合计		2475.84	27.87	3951.35	44.48	2456.63	27.65

注：“—”表示无该类型含水介质的地下水资源。

第四章

地下水资源质量

第一节 地下水质量评价

一、地下水质量状况

（一）全国地下水质量总体状况

遵循《地下水质量标准》（GB/T 14848—2017），对2022年国家地下水监测工程9257个站点地下水质量数据按照浅层地下水和深层地下水分别进行了评价。按照地下水埋藏特征分类，浅层地下水质量监测站点共5386个、深层地下水质量监测站点共3871个。评价结果显示（表4.1，图4.1~图4.4），全国I~III类水地下水质量监测站点占比为26.43%，IV类水占比为31.17%，V类

表4.1　不同地下水埋藏特征地下水质量状况一览表（2022年）

类别	统计	I类水	II类水	III类水	IV类水	V类水	合计
浅层地下水	监测站点数量/个	—	248	1232	1699	2207	5386
	监测站点占比/%	—	4.60	22.87	31.54	40.98	100
深层地下水	监测站点数量/个	3	182	782	1186	1718	3871
	监测站点占比/%	0.08	4.70	20.20	30.64	44.38	100
全国总计	监测站点数量/个	3	430	2014	2885	3925	9257
	监测站点占比/%	0.03	4.65	21.76	31.17	42.40	100

注：“—”表示未发现该类地下水。

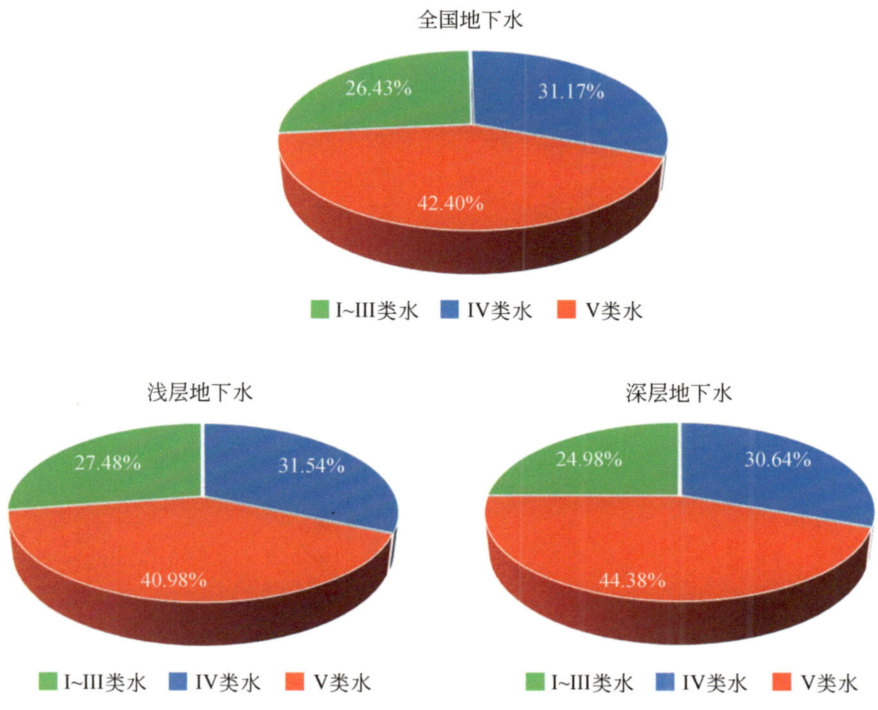

图4.1　不同地下水埋藏特征地下水质量状况统计图（2022年）

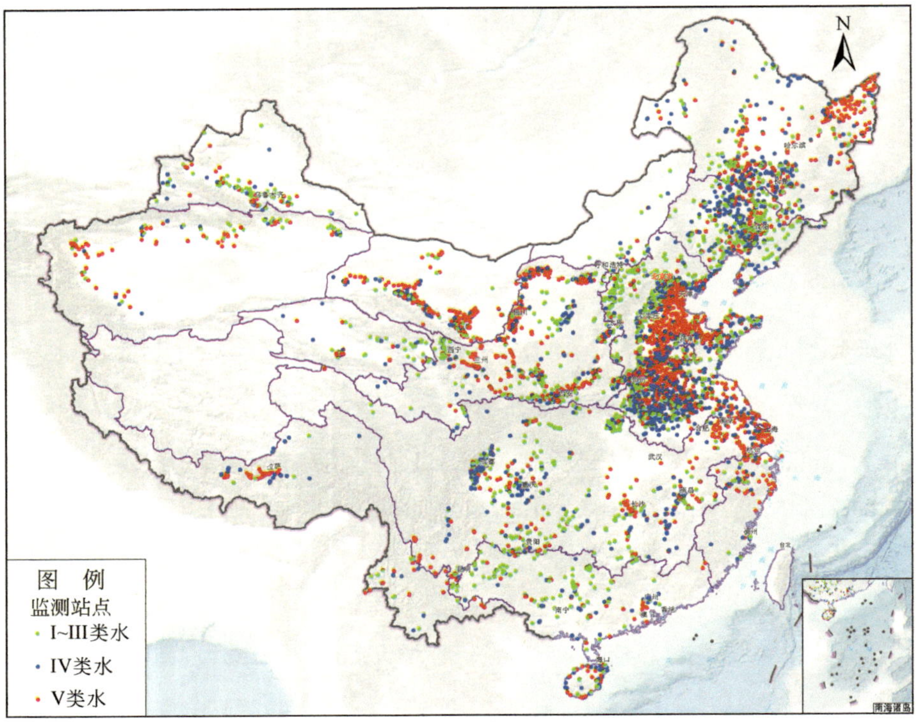

图 4.2　全国地下水质量状况分布图（2022 年）

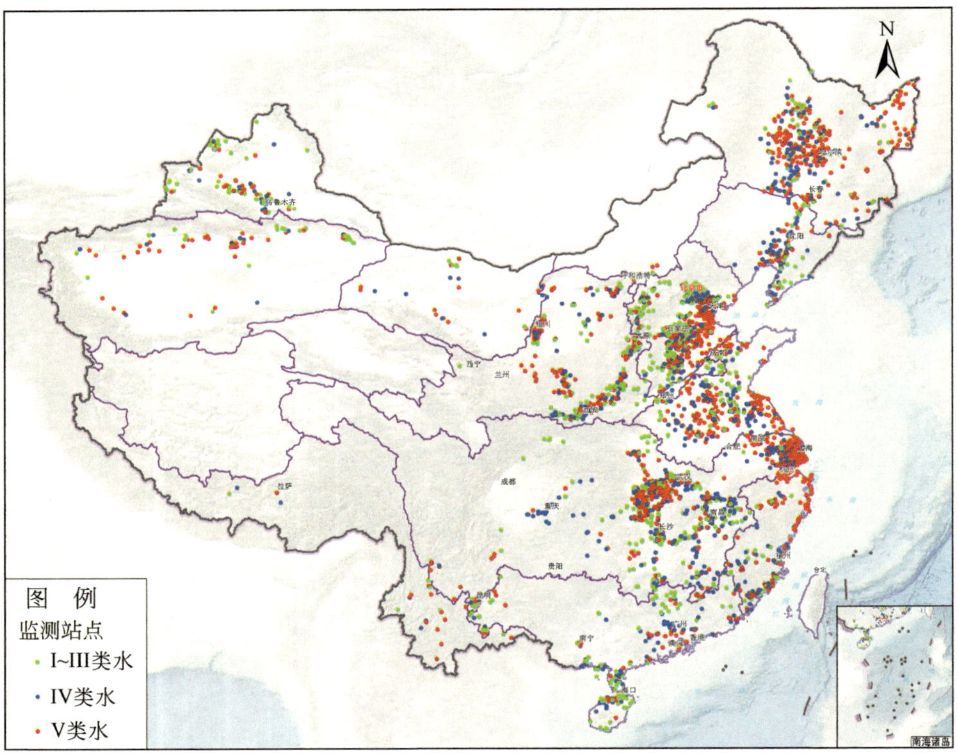

图 4.3　浅层地下水质量状况分布图（2022 年）

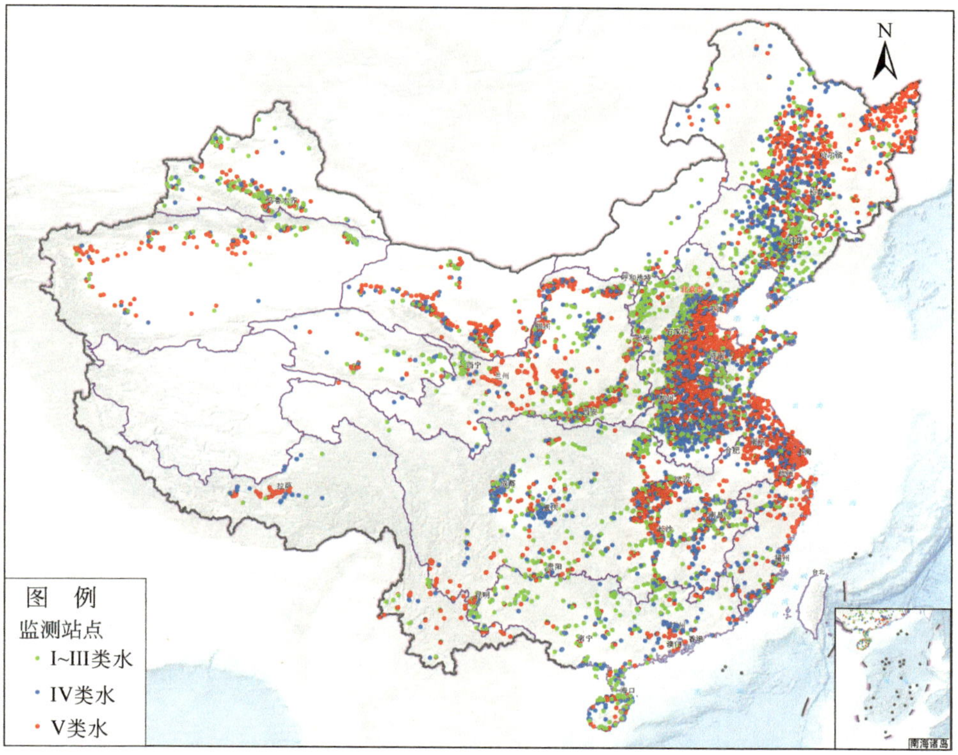

图 4.4　深层地下水质量状况分布图（2022 年）

水占比为 42.40%。其中，浅层地下水 I~III 类水地下水质量监测站点占比为 27.48%，IV 类水占比为 31.54%，V 类水占比为 40.98%；深层地下水 I~III 类水地下水质量监测站点占比为 24.98%，IV 类水占比为 30.64%，V 类水占为比 44.38%。

按照地下水赋存介质特征分类，孔隙水 I~III 类水地下水质量监测站点占比为 24.26%，IV 类水占比为 30.58%，V 类水占比为 45.16%；裂隙水 I~III 类水地下水质量监测站点占比为 29.01%，IV 类水占比为 35.85%，V 类水占比为 35.14%；岩溶水 I~III 类水地下水质量监测站点占比为 48.96%，IV 类水占比为 31.04%，V 类水占比为 20.00%（表 4.2，图 4.5）。

表 4.2　不同地下水赋存介质地下水质量状况一览表（2022 年）

类别	统计	Ⅰ类水	Ⅱ类水	Ⅲ类水	Ⅳ类水	Ⅴ类水	合计
孔隙地下水	监测站点数量 / 个	2	312	1543	2340	3456	7653
	监测站点占比 /%	0	4.08	20.16	30.58	45.16	100
裂隙地下水	监测站点数量 / 个	—	45	239	351	344	979
	监测站点占比 /%	—	4.60	24.41	35.85	35.14	100
岩溶地下水	监测站点数量 / 个	1	73	232	194	125	625
	监测站点占比 /%	0.16	11.68	37.12	31.04	20.00	100

注：“—”表示未发现该类地下水。

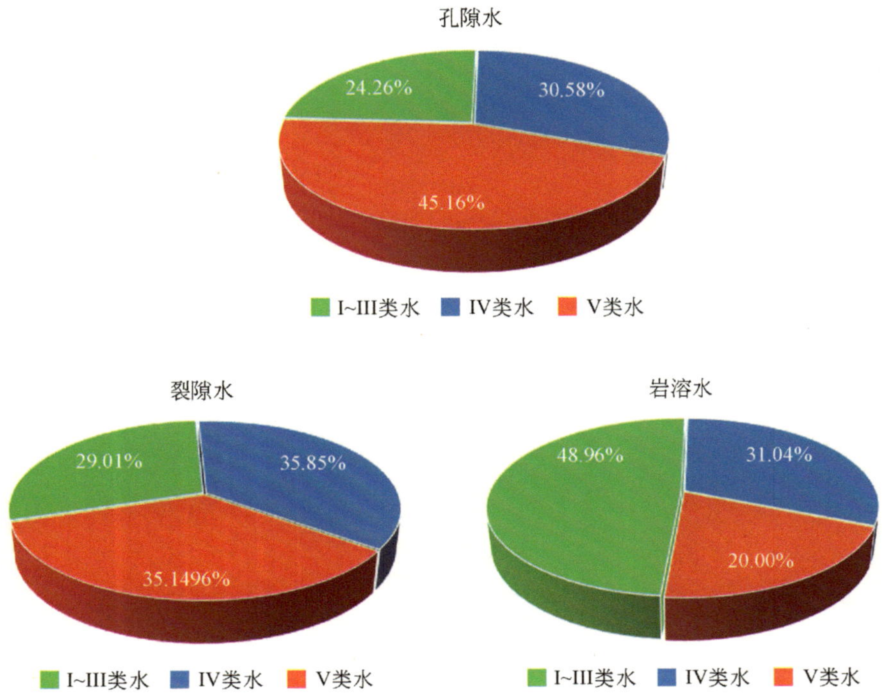

图 4.5　不同赋存介质地下水质量状况统计图（2022 年）

（二）地下水资源一级区地下水质量状况

2022 年，准噶尔盆地、柴达木盆地、内蒙古高原和珠江流域地下水资源区地下水质量相对较好，I~III 类水监测站点占比分别为 51.67%、45.71%、42.86% 和 42.14%。西南诸河、河西走廊及北山、东南诸河、松花江流域和塔里木盆地地下水资源区地下水质量相对较差，V 类水监测站点占比分别为 60.54%、59.72%、56.60%、53.97% 和 50.00%（表 4.3，图 4.6，附图 6）。

表 4.3　地下水资源一级区地下水质量状况一览表（2022 年）

编号	地下水资源一级区名称	Ⅰ～Ⅲ类水监测站点占比 /%	Ⅳ类水监测站点占比 /%	Ⅴ类水监测站点占比 /%
GA	松花江流域地下水资源区	15.42	30.61	53.97
GB	辽河流域地下水资源区	35.28	40.03	24.68
GC	海河流域地下水资源区	30.59	29.99	39.42
GD	黄河流域地下水资源区	26.47	25.72	47.81
GE	淮河流域地下水资源区	17.10	38.37	44.54
GF	长江流域地下水资源区	26.30	32.84	40.86
GG	东南诸河流域地下水资源区	14.58	28.82	56.60
GH	珠江流域地下水资源区	42.14	31.07	26.80

续表

编号	地下水资源一级区名称	Ⅰ～Ⅲ类水监测站点占比 /%	Ⅳ类水监测站点占比 /%	Ⅴ类水监测站点占比 /%
GJ	西南诸河流域地下水资源区	17.01	22.45	60.54
GK I	准噶尔盆地地下水资源区	51.67	22.01	26.32
GK II	塔里木盆地地下水资源区	30.72	19.28	50.00
GK III	羌塘内流河湖地下水资源区	0	100.00	0
GK IV	河西走廊及北山地下水资源区	15.28	25.00	59.72
GK V	柴达木－青海湖盆地地下水资源区	45.71	25.71	28.57
GK VI	内蒙古高原地下水资源区	42.86	31.43	25.71
全国合计		26.43	31.17	42.40

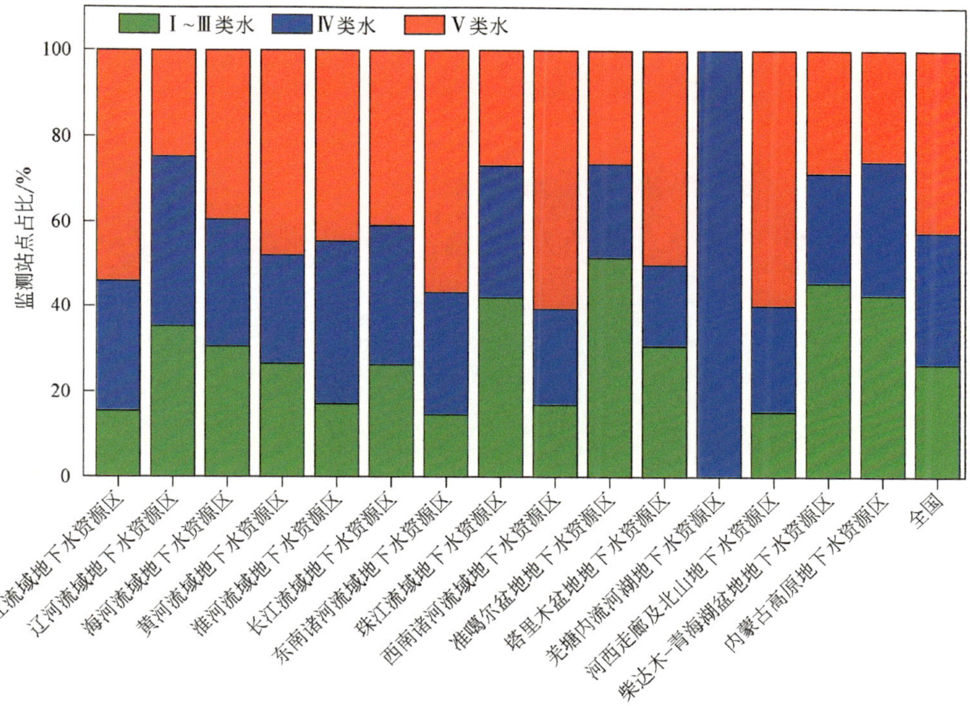

图 4.6　地下水资源一级区各类地下水质量监测站点占比图（2022 年）

（三）省级行政区地下水质量状况

全国31省级行政区中，贵州、青海、湖南、广西、山西、新疆、陕西和海南等8省（自治区）地下水质量监测站点以 I~III 类水为主，占比在 35%~58%；重庆、四川、江西、河南、北京、福建、广东、辽宁和内蒙古等 9 省（自治区、直辖市）地下水质量监测站点以 IV 类水为主，占比在 36%~62%；安徽、吉林、江苏、山东、西藏、湖北、黑龙江、河北、甘肃、天津、浙江、云南、上海和宁夏等 14 省（自治区、直辖市）地下水质量监测站点以 V 类水为主，占比在 52%~86%（图 4.7，表 4.4，附图 6）。

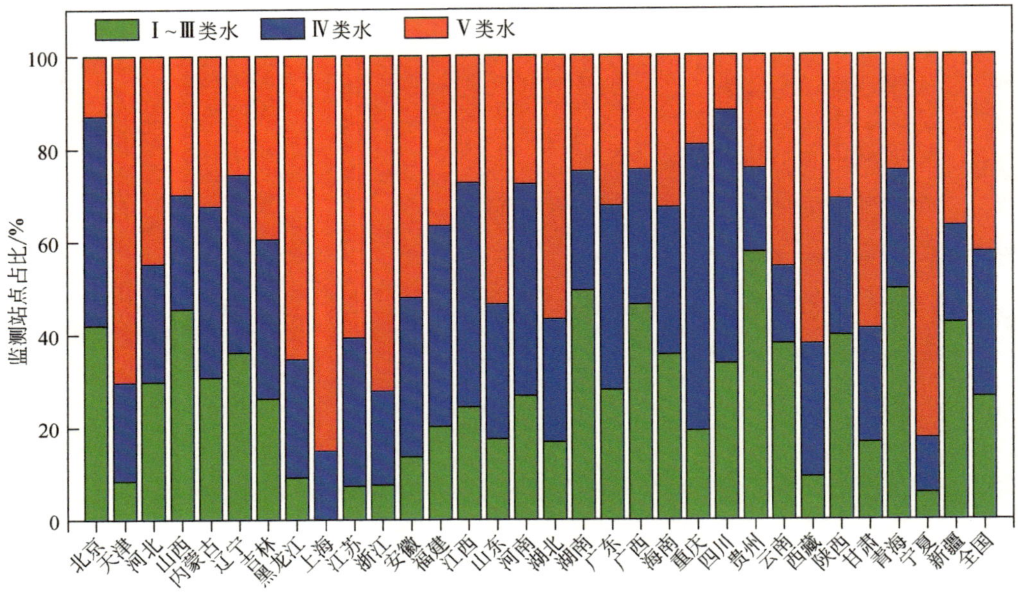

图 4.7 省级行政区各类地下水质量监测站点占比图（2022 年）

表 4.4 省级行政区地下水质量状况一览表（2022 年）

序号	省（自治区、直辖市）	监测站点数量 / 个	Ⅰ～Ⅲ类水监测站点占比 /%	Ⅳ类水监测站点占比 /%	Ⅴ类水监测站点占比 /%
1	北京	526	42.02	45.06	12.93
2	天津	310	8.39	21.29	70.32
3	河北	626	29.87	25.40	44.73
4	山西	349	45.56	24.64	29.80
5	内蒙古	396	30.81	36.87	32.32
6	辽宁	431	36.19	38.28	25.52
7	吉林	403	26.30	34.24	39.45
8	黑龙江	524	9.16	25.57	65.27
9	上海	174	0	14.94	85.06
10	江苏	386	7.25	32.12	60.62
11	浙江	240	7.50	20.42	72.08
12	安徽	294	13.61	34.35	52.04
13	福建	134	20.15	43.28	36.57
14	江西	340	24.41	48.24	27.35
15	山东	608	17.43	29.11	53.45
16	河南	507	26.82	45.56	27.61
17	湖北	203	16.75	26.60	56.65
18	湖南	273	49.45	25.64	24.91
19	广东	139	28.06	39.57	32.37
20	广西	179	46.37	29.05	24.58
21	海南	101	35.64	31.68	32.67
22	重庆	78	19.23	61.54	19.23
23	四川	184	33.70	54.35	11.96
24	贵州	111	57.66	18.02	24.32
25	云南	187	37.97	16.58	45.45
26	西藏	87	9.20	28.74	62.07

续表

序号	省（自治区、直辖市）	监测站点数量 / 个	Ⅰ～Ⅲ类水监测站点占比 /%	Ⅳ类水监测站点占比 /%	Ⅴ类水监测站点占比 /%
27	陕西	284	39.79	29.23	30.99
28	甘肃	458	16.59	24.67	58.73
29	青海	157	49.68	25.48	24.84
30	宁夏	193	5.70	11.92	82.38
31	新疆	375	42.40	20.80	36.80
全国合计		9257	26.43	31.17	42.40

（四）17 个主要平原盆地区地下水质量状况

2022 年，北方地区 13 个主要平原盆地区中，准噶尔盆地和柴达木盆地地下水质量监测站点以 I~III 类水为主，占比分别为 46.51% 和 35.42%；鄂尔多斯盆地和辽河平原地下水质量监测站点以 IV 类水为主，占比分别为 31.58% 和 26.92%；三江平原、银川平原、塔里木盆地、河套平原、河西走廊、松嫩平原、黄淮平原和华北平原等 9 个平原盆地地下水质量监测站点以 V 类水为主，占比在 41%~89%。南方地区 4 个平原盆地中，四川盆地地下水质量监测站点以 IV 类水为主，占比为 54.19%；长江三角洲、江汉 – 洞庭湖平原和珠江三角洲地下水质量监测站点以 V 类水为主，占比分别为 73.01%、54.01% 和 46.34%（表 4.5）。

表 4.5　17 个主要平原盆地地下水质量状况一览表（2022 年）

序号	平原盆地名称	监测站点数量 / 个	Ⅰ～Ⅲ类水监测站点占比 /%	Ⅳ类水监测站点占比 /%	Ⅴ类水监测站点占比 /%
1	松嫩平原	510	13.14	33.92	52.94
2	辽河平原	416	28.13	44.95	26.92
3	三江平原	96	2.08	9.38	88.54
4	华北平原	1582	24.34	31.80	43.87
5	黄淮平原	976	13.93	38.22	47.85
6	鄂尔多斯盆地	152	33.55	34.87	31.58
7	河套平原	123	13.82	27.64	58.54
8	银川平原	135	4.44	11.85	83.70
9	汾渭盆地	348	28.74	29.60	41.67
10	准噶尔盆地	129	46.51	23.26	30.23
11	塔里木盆地	111	19.82	17.12	63.06
12	河西走廊	246	15.45	26.02	58.54
13	柴达木盆地	48	35.42	29.17	35.42
14	四川盆地	227	29.96	54.19	15.86
15	江汉 – 洞庭湖平原	237	21.10	24.89	54.01
16	长江三角洲	389	1.03	25.96	73.01
17	珠江三角洲	41	12.20	41.46	46.34

二、地下水质量主要影响指标

（一）全国地下水质量主要影响指标

2022 年，影响地下水质量的主要超标指标为锰、总硬度、铁、溶解性总固体（TDS）、钠、硫酸盐、氯化物、氨氮、氟化物、耗氧量等。其中，锰的超标率为 37.94%，铁、总硬度、溶解性总固体、钠、硫化物等指标的超标率在 10% 以上（图 4.8）。

浅层地下水主要影响指标为锰、总硬度、溶解性总固体、硫酸盐、铁、钠、氯化物、氨氮、耗氧量等。其中，锰和总硬度的超标率分别为 36.41% 和 31.58%；溶解性总固体、硫酸盐、铁、钠、氯化物、氨氮、耗氧量等超标率均在 10% 以上。深层地下水主要影响指标为锰、铁、氨氮、钠、总硬度、溶解性总固体、氯化物、碘化物、硫化物、氟化物、硫酸盐、耗氧量、砷等。其中，锰和铁的超标率分别为 40.09% 和 35.34%；氨氮、钠、总硬度、溶解性总固体、氯化物、碘化物、硫化物、氟化物、硫酸盐、耗氧量、砷等超标率均在 10% 以上（图 4.9）。

（二）地下水资源一级区地下水质量主要影响指标

松花江流域地下水资源区地下水质量主要影响指标为铁、锰、氨氮、耗氧量、铝、硫化物、总硬度等。辽河流域地下水资源区地下水质量主要影响指标为锰、铁、耗氧量、总硬度、铝等。

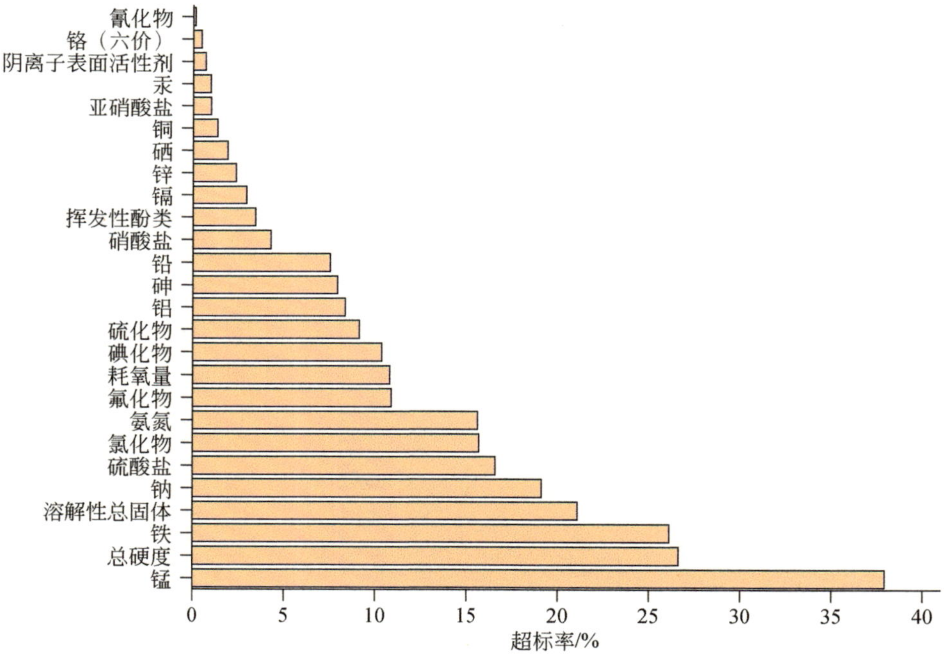

图 4.8　全国地下水质量主要影响指标（2022 年）

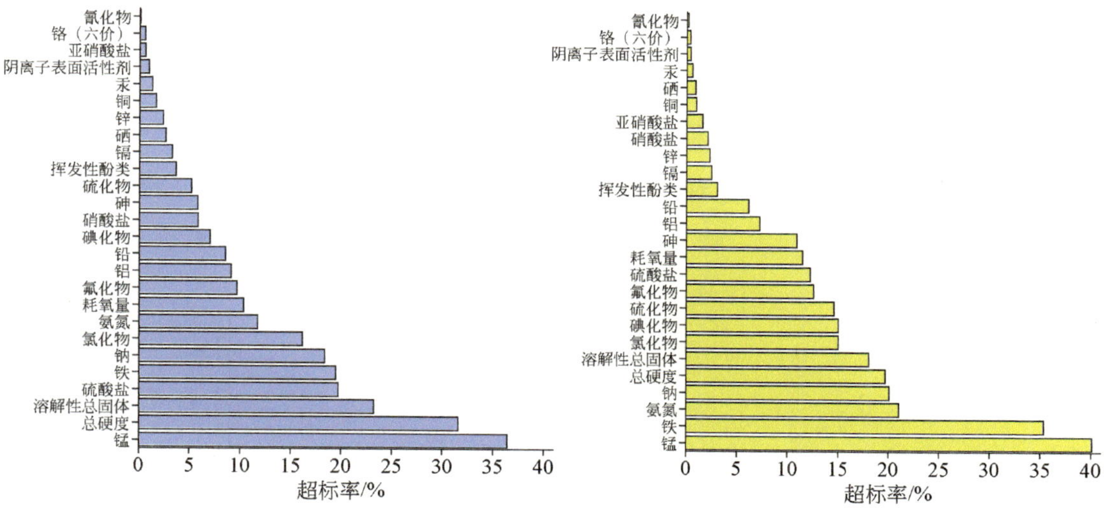

图 4.9　浅层和深层地下水监测指标超标率（2022 年）

海河流域地下水资源区地下水质量主要影响指标为总硬度、锰、钠、溶解性总固体、氯化物、硫酸盐、铁、氟化物、氨氮、碘化物、硫化物等。黄河流域地下水资源区地下水质量主要影响指标为总硬度、溶解性总固体、硫酸盐、钠、氯化物、锰、氟化物、砷、铁、氨氮等。淮河流域地下水资源区地下水质量主要影响指标为锰、总硬度、溶解性总固体、钠、氯化物、硫酸盐、碘化物、氟化物、铁、铅等。

长江流域地下水资源区地下水质量主要影响指标为锰、铁、氨氮、砷、总硬度、铅、碘化物、耗氧量、溶解性总固体、铝、钠等。东南诸河流域地下水资源区地下水质量主要影响指标为铁、锰、氨氮、碘化物、钠、溶解性总固体、硫化物、氯化物、总硬度、耗氧量、铝等。珠江流域地下水资源区地下水质量主要影响指标为锰、铁、氨氮、硫化物等。西南诸河流域地下水资源区地下水质量主要影响指标为铅、铝、砷、镉、锌、汞、硒、铜、锰、铁、氨氮等。

准噶尔盆地地下水资源区地下水质量主要影响指标为硫酸盐、溶解性总固体、总硬度、硫化物、钠、锰等。塔里木盆地地下水资源区地下水质量主要影响指标为硫酸盐、溶解性总固体、氯化物、总硬度、钠、锰、硫化物、氟化物等。河西走廊及北山地下水资源区地下水质量主要影响指标为硫酸盐、总硬度、溶解性总固体、钠、铁、氯化物、挥发性酚类、锰、铅、铝等。柴达木－青海湖盆地地下水资源区地下水质量主要影响指标为钠、溶解性总固体、氯化物、总硬度、挥发性酚类、硫酸盐、氨氮等。

（三）17 个主要平原盆地地下水质量主要影响指标

松嫩平原地下水质量主要影响指标为铁、锰、氨氮、耗氧量、铝、总硬度、硫化物、氟化物。辽河平原地下水质量主要影响指标为锰、铁、耗氧量、总硬度、铝、硝酸盐。三江平原地下水质量主要影响指标为锰、铁、氨氮、耗氧量。

银川平原地下水质量主要影响指标为铅、砷、硫酸盐、溶解性总固体、总硬度、硫化物、钠、锰、氯化物、氨氮、铁、氟化物、汞、铝、耗氧量、硒、挥发性酚类、镉。河套平原地下水质量主要影响指标为溶解性总固体、钠、耗氧量、总硬度、氯化物、硫酸盐、氨氮、锰、砷、碘化物、氟化物。鄂尔多斯盆地地下水质量主要影响指标为铁、锰、硫酸盐、铝、溶解性总固体、钠、总硬度、氟化物、砷、氯化物。汾渭盆地地下水质量主要影响指标为硫酸盐、溶解性总固体、总硬度、钠、氯化物、氟化物、锰、碘化物。

华北平原地下水质量主要影响指标为总硬度、锰、钠、溶解性总固体、氯化物、硫酸盐、铁、氟化物、氨氮、碘化物、硫化物。黄淮平原地下水质量主要影响指标为锰、总硬度、溶解性总固体、钠、碘化物、氯化物、硫酸盐、氟化物、铁、铅、镉、锌、硫化物。

准噶尔盆地地下水质量主要影响指标为硫酸盐、溶解性总固体、总硬度、硫化物、钠、锰、氯化物、氟化物。塔里木盆地地下水质量主要影响指标为硫酸盐、溶解性总固体、氯化物、总硬度、钠、锰、硫化物、氟化物、氨氮。河西走廊地下水质量主要影响指标为硫酸盐、总硬度、溶解性总固体、铁、钠、氯化物、挥发性酚类、锰、铝、铅。柴达木盆地地下水质量主要影响指标为钠、氯化物、溶解性总固体、挥发性酚类、总硬度、硫酸盐、氨氮。

长江三角洲地下水质量主要影响指标为铁、锰、氨氮、总硬度、碘化物、砷、溶解性总固体、钠、氯化物、耗氧量、硫化物、铝。江汉－洞庭湖平原地下水质量主要影响指标为锰、铁、氨氮、耗氧量、砷、总硬度、碘化物、硫化物。珠江三角洲地下水质量主要影响指标为锰、铁、氨氮、碘化物、溶解性总固体、硫化物、总硬度、氯化物、耗氧量、钠、氟化物。四川盆地地下水质量主要影响指标为锰、铅、总硬度。

第二节　地下水质量年际变化

一、全国地下水质量年际变化

根据 7741 个可比对的国家地下水监测工程地下水质量数据，相较于 2021 年，2022 年全国地下水质量以稳定为主，稳定的监测站点占比为 65.63%、变好的监测站点占比为 16.06%、变差的监测站点占比为 18.31%。Ⅰ～Ⅲ类水监测站点比例略有增加，由 23.59% 升高至 26.43%；Ⅳ类水监测站点比例略有降低，由 33.03% 降低至 31.17%；Ⅴ类水监测站点比例由 43.38% 降低至 42.40%（表 4.6，图 4.10~ 图 4.12）。

表 4.6　全国地下水质量年际变化对比一览表（2021~2022 年）

年份	统计	Ⅰ类水	Ⅱ类水	Ⅲ类水	Ⅳ类水	Ⅴ类水	合计
2021 年	监测站点数量 / 个	23	542	2646	4497	5906	13614
	监测站点占比 /%	0.17	3.98	19.44	33.03	43.38	100
2022 年	监测站点数量 / 个	3	430	2014	2885	3925	9257
	监测站点占比 /%	0.03	4.65	21.76	31.17	42.40	100

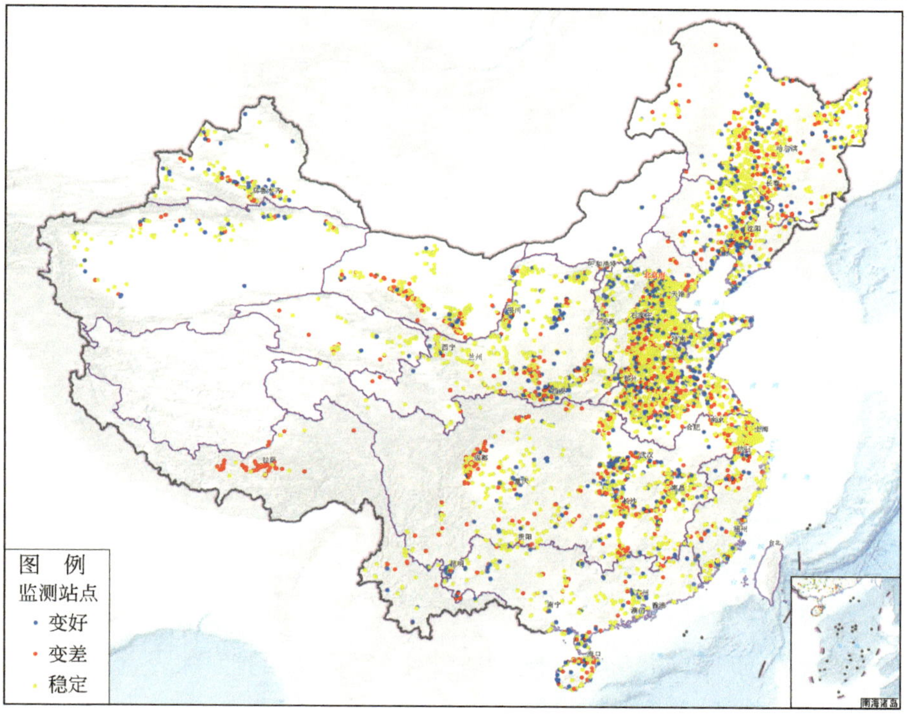

图 4.10　全国地下水质量变化状况分布图（2021~2022 年）

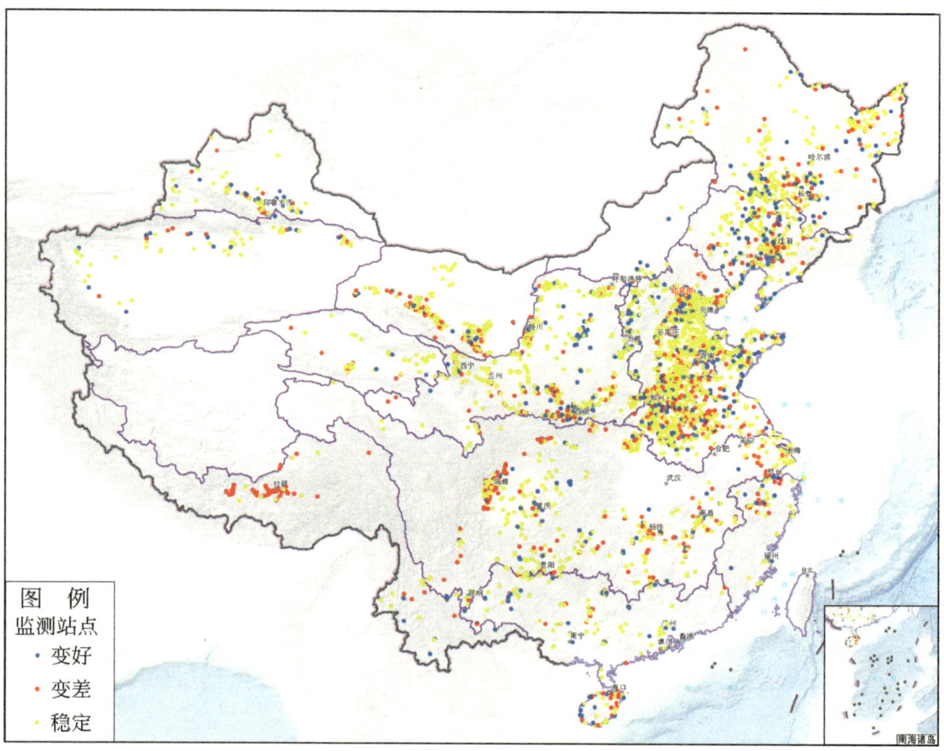

图 4.11　全国浅层地下水质量变化状况分布图（2021~2022 年）

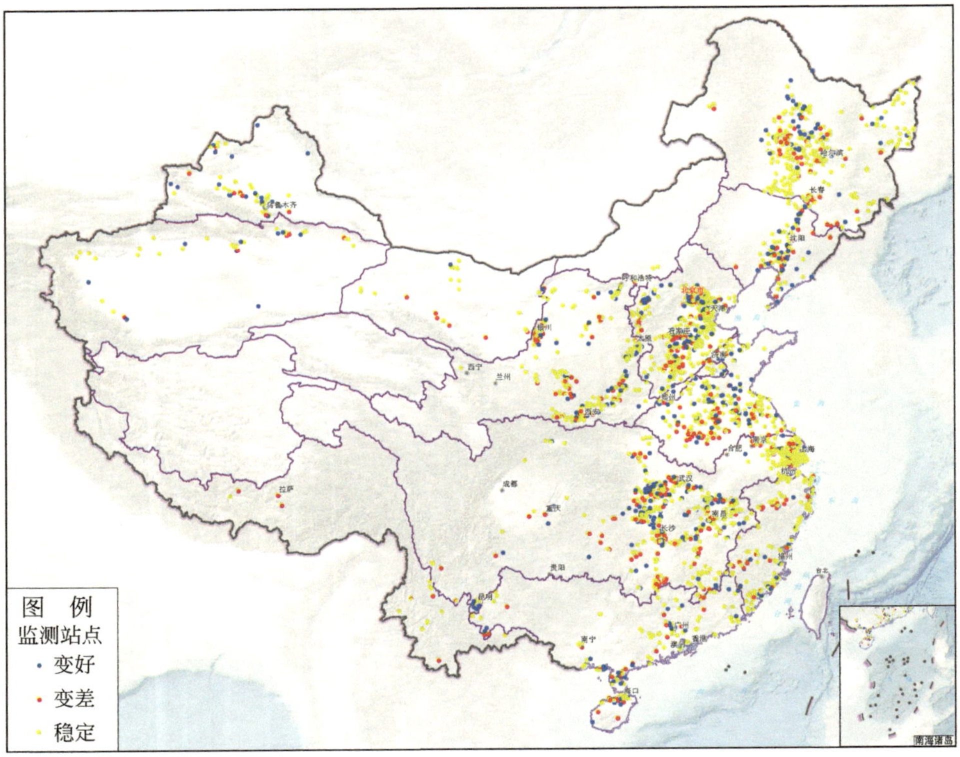

图 4.12　全国深层地下水质量变化状况分布图（2021~2022 年）

浅层地下水质量稳定的监测站点占比为 65.64%，变好的监测站点占比为 14.81%、变差的监测站点占比为 19.55%。深层地下水质量稳定的监测站点占比为 65.60%，变好的监测站点占比为 17.73%，变差的监测站点占比为 16.67%。

二、地下水资源一级区地下水质量年际变化

与 2021 年相比，2022 年 15 个地下水资源一级区地下水质量以稳定为主，西南诸河流域地下水资源区地下水质量变化较大，地下水质量变差的监测站点占比达到 66.94%。辽河流域、准噶尔盆地、塔里木盆地和内蒙古高原地下水资源区地下水质量变好的监测站点的比例在 20% 以上（表 4.7，附表 5）。

表 4.7　地下水资源一级区地下水质量变化一览表（2021~2022 年）

序号	编码	地下水资源一级区名称	监测层位	监测站点数量 / 个	变差监测站点占比 /%	变好监测站点占比 /%	稳定监测站点占比 /%
1	GA	松花江流域地下水资源区	浅层地下水	325	16.62	16.31	67.08
			深层地下水	354	12.15	12.15	75.71
			小计	679	14.29	14.14	71.58
2	GB	辽河流域地下水资源区	浅层地下水	351	15.38	26.50	58.12
			深层地下水	121	23.14	28.93	47.93
			小计	472	17.37	27.12	55.51

续表

序号	编码	地下水资源一级区名称	监测层位	监测站点数量/个	变差监测站点占比/%	变好监测站点占比/%	稳定监测站点占比/%
3	GC	海河流域地下水资源区	浅层地下水	726	12.67	13.09	74.24
			深层地下水	640	15.00	17.34	67.66
			小计	1366	13.76	15.08	71.16
4	GD	黄河流域地下水资源区	浅层地下水	692	16.18	13.01	70.81
			深层地下水	339	19.17	17.11	63.72
			小计	1031	17.17	14.35	68.48
5	GE	淮河流域地下水资源区	浅层地下水	613	20.23	15.66	64.11
			深层地下水	305	19.34	20.98	59.67
			小计	918	19.93	17.43	62.64
6	GF	长江流域地下水资源区	浅层地下水	613	23.49	11.09	65.42
			深层地下水	821	17.05	18.64	64.31
			小计	1434	19.80	15.41	64.78
7	GG	东南诸河流域地下水资源区	浅层地下水	60	21.67	16.67	61.67
			深层地下水	189	14.29	9.52	76.19
			小计	249	16.06	11.24	72.69
8	GH	珠江流域地下水资源区	浅层地下水	207	18.36	19.32	62.32
			深层地下水	184	15.76	20.65	63.59
			小计	391	17.14	19.95	62.92
9	GJ	西南诸河流域地下水资源区	浅层地下水	104	72.12	4.81	23.08
			深层地下水	17	35.29	0.00	64.71
			小计	121	66.94	4.13	28.93
10	GK I	准噶尔盆地地下水资源区	浅层地下水	73	16.44	24.66	58.90
			深层地下水	66	18.18	30.30	51.52
			小计	139	17.27	27.34	55.40
11	GK II	塔里木盆地地下水资源区	浅层地下水	66	15.15	19.70	65.15
			深层地下水	37	13.51	24.32	62.16
			小计	103	14.56	21.36	64.08
12	GK III	羌塘内流河湖地下水资源区	浅层地下水	—	—	—	—
			深层地下水	—	—	—	—
			小计	—	—	—	—
13	GK IV	河西走廊及北山地下水资源区	浅层地下水	225	25.78	9.78	64.44
			深层地下水	25	24.00	4.00	72.00
			小计	250	25.60	9.20	65.20
14	GK V	柴达木－青海湖盆地地下水资源区	浅层地下水	275	25.45	8.73	65.82
			深层地下水	63	30.16	6.35	63.49
			小计	338	26.33	8.28	65.38
15	GK VI	内蒙古高原地下水资源区	浅层地下水	19	10.53	31.58	57.89
			深层地下水	4	25.00	0	75.00
			小计	23	13.04	26.09	60.87
全国			浅层地下水	4139	19.55	14.81	65.64
			深层地下水	3102	16.67	17.73	65.60
			合计	7241	18.31	16.06	65.63

三、17 个主要平原盆地区地下水质量年际变化

相比于 2021 年，2022 年全国 17 个主要平原盆地区地下水质量总体稳定，北方地区的 13 个主要平原盆地中，河套平原、三江平原和长江三角洲地下水质量稳定的监测站点占比在 80% 以上。汾渭盆地、辽河平原、银川平原、准噶尔盆地、江汉 – 洞庭湖平原和珠江三角洲地下水质量变好的监测站点占比在 20% 以上，其中，银川平原地下水质量变好的监测站点占比达到了 46.22%。柴达木盆地、鄂尔多斯盆地、银川平原、黄淮平原、河西走廊和四川盆地地下水质量变差的监测站点占比在 20% 以上（表 4.8，图 4.10~ 图 4.12）。

表 4.8　17 个主要平原盆地地下水质量年际变化一览表（2021~2022 年）

序号	平原盆地名称	监测层位	监测站点数量 / 个	变差监测站点占比 /%	变好监测站点占比 /%	稳定监测站点占比 /%
1	松嫩平原	浅层地下水	166	13.25	15.06	71.69
		深层地下水	253	12.25	12.65	75.10
		小计	419	12.65	13.60	73.75
2	辽河平原	浅层地下水	240	15.83	26.25	57.92
		深层地下水	89	22.47	28.09	49.44
		小计	329	17.63	26.75	55.62
3	三江平原	浅层地下水	45	15.56	4.44	80.00
		深层地下水	16	0	12.50	87.50
		小计	61	11.48	6.56	81.97
4	华北平原	浅层地下水	644	13.82	10.25	75.93
		深层地下水	537	14.53	17.13	68.34
		小计	1181	14.14	13.38	72.48
5	银川平原	浅层地下水	54	5.56	94.44	0
		深层地下水	65	40.00	6.15	53.85
		小计	119	24.37	46.22	29.41
6	河套平原	浅层地下水	58	5.17	8.62	86.21
		深层地下水	27	7.41	22.22	70.37
		小计	85	5.88	12.94	81.18
7	鄂尔多斯盆地	浅层地下水	88	28.41	21.59	50.00
		深层地下水	48	25.00	12.50	62.50
		小计	136	27.21	18.38	54.41
8	汾渭盆地	浅层地下水	129	17.05	20.16	62.79
		深层地下水	158	14.56	20.89	64.56
		小计	287	15.68	20.56	63.76
9	黄淮平原	浅层地下水	472	23.31	13.14	63.56
		深层地下水	274	20.44	18.25	61.31
		小计	746	22.25	15.01	62.73
10	准噶尔盆地	浅层地下水	45	15.56	28.89	55.56
		深层地下水	41	17.07	24.39	58.54
		小计	86	16.28	26.74	56.98

续表

序号	平原盆地名称	监测层位	监测站点数量 / 个	变差监测站点占比 /%	变好监测站点占比 /%	稳定监测站点占比 /%
11	塔里木盆地	浅层地下水	44	13.64	18.18	68.18
		深层地下水	21	9.52	19.05	71.43
		小计	65	12.31	18.46	69.23
12	河西走廊	浅层地下水	200	26.00	9.00	65.00
		深层地下水	19	21.05	5.26	73.68
		小计	219	25.57	8.68	65.75
13	柴达木盆地平原（汇流区）	浅层地下水	45	40.00	6.67	53.33
		深层地下水	—	—	—	—
		小计	45	40.00	6.67	53.33
14	四川盆地	浅层地下水	191	20.42	8.90	70.68
		深层地下水	7	28.57	28.57	42.86
		小计	198	20.71	9.60	69.70
15	江汉－洞庭湖平原	浅层地下水	10	30.00	20.00	50.00
		深层地下水	157	17.20	29.94	52.87
		小计	167	17.96	29.34	52.69
16	长江三角洲	浅层地下水	48	27.08	2.08	70.83
		深层地下水	245	9.80	7.76	82.45
		小计	293	12.63	6.83	80.55
17	珠江三角洲	浅层地下水	11	0	27.27	72.73
		深层地下水	27	7.41	22.22	70.37
		小计	38	5.26	23.68	71.05

第五章

地下水变化规律分析

第一节　主要平原盆地地下水位年际变化

2022 年，全国 17 个主要平原盆地浅层地下水统测面积为 223.54 万 km^2，深层地下水统测面积为 52.51 万 km^2。北方地区 13 个平原盆地浅层地下水统测面积为 186.20 万 km^2，深层地下水统测面积为 40.69 万 km^2；南方地区 4 个平原盆地浅层地下水统测面积为 37.34 万 km^2，深层地下水统测面积为 11.81 万 km^2。

2022 年 12 月与上年同期相比，浅层地下水位上升区面积为 114.06 万 km^2，占比为 51.02%；下降区面积为 109.48 万 km^2，占比为 48.98%。深层地下水位上升区面积为 26.25 万 km^2，占比 50.08%；下降区面积为 26.16 万 km^2，占比为 49.92%（表 5.1）。

表 5.1　17 个主要平原盆地 2022 年 12 月较上年同期地下水位变化状况一览表

序号	平原盆地名称	层位	地下水位上升区面积 / 万 km^2				地下水位下降区面积 / 万 km^2			
			一般上升区	显著上升区	上升区	占比 /%	显著下降区	一般下降区	下降区	占比 /%
1	松嫩平原	浅层地下水	3.68	1.61	5.26	28.86	7.77	5.27	12.96	71.14
		深层地下水	1.9	0.69	2.6	27.8	3.76	3	6.75	72.2
2	辽河平原	浅层地下水	4.3	1.5	6.01	61.67	0.19	3.41	3.74	38.33
3	三江平原	浅层地下水	1.59	0.08	1.68	41.06	0.09	2.3	2.42	58.94
4	华北平原	浅层地下水	2.71	4.3	6.97	50.48	3.19	3.69	6.84	49.52
		深层地下水	1.53	7.27	8.8	74.31	1.99	1.06	3.04	25.69
5	黄淮平原	浅层地下水	6.37	3.23	9.6	45.77	6.36	5.01	11.37	54.23
		深层地下水	2.36	3.23	5.59	36.51	7.63	2.1	9.72	63.49
6	鄂尔多斯盆地	浅层地下水	6.95	0.6	7.55	51.52	0.5	6.6	7.1	48.48
7	河套平原	浅层地下水	1.5	0.07	1.6	62.68	0.27	0.67	0.95	37.32
8	银川平原	浅层地下水	0.33	0.02	0.39	52.7	0.02	0.29	0.35	47.3
		深层地下水	0.26	0.12	0.38	72.51	0.02	0.13	0.15	27.49
9	汾渭平原	浅层地下水	0.81	0.51	1.93	52.18	0.82	0.39	1.77	47.82
		深层地下水	0.7	0.93	1.64	44.75	1.42	0.6	2.02	55.25
10	准噶尔盆地	浅层地下水	1.25	4.64	8.05	61.96	1.33	2.28	4.94	38.04
11	塔里木盆地	浅层地下水	4.55	1.29	40.51	71.86	1.28	1	15.86	28.14
12	河西走廊	浅层地下水	2.25	0.34	5.12	30.88	1.22	4.43	11.32	69.12
13	柴达木盆地	浅层地下水	0.33	0.51	7.25	60.88	0.46	0.07	4.66	39.12
14	四川盆地	浅层地下水	5.12	1.4	8.52	36.67	6.5	4.76	14.71	63.33
15	江汉 – 洞庭湖平原	浅层地下水	—	—	—	—	4.46	2.42	6.88	100
		深层地下水	1.06	0.16	1.22	29.85	0.66	2.22	2.88	70.15
16	长江三角洲	浅层地下水	2.93	0	2.93	61.33	0	1.85	1.85	38.67
		深层地下水	4.55	1.46	6.02	78.96	0.02	1.58	1.6	21.04
17	珠江三角洲	浅层地下水	0.95	0.04	0.99	36.61	0.07	1.64	1.71	63.39
合计		浅层地下水	45.44	20.66	114.06	51.02	35.13	46.13	109.48	48.98
		深层地下水	12.37	13.87	26.25	50.08	15.49	10.67	26.16	49.92

北方地区 13 个平原盆地中，浅层地下水位以上升为主的有辽河平原、华北平原、鄂尔多斯盆地、河套平原、银川平原、汾渭盆地、准噶尔盆地、塔里木盆地、柴达木盆地等 9 个，塔里木盆地、河套平原、准噶尔盆地、辽河平原、柴达木盆地地下水位上升区面积占比在 60% 以上。其中，塔里木盆地地下水位上升区面积占比达 71.86%，准噶尔盆地地下水位升幅大于 0.5m 的显著上升区面积占比达 35.71%。浅层地下水位以下降为主的有松嫩平原、三江平原、黄淮平原、河西走廊等 4 个平原盆地，其中，松嫩平原、黄淮平原地下水位下降区面积占比分别达 71.14% 和 68.30%。5 个开采深层地下水的平原盆地深层地下水统测面积为 40.69 万 km^2，地下水位以上升为主的有华北平原和银川平原，其中，华北平原深层地下水位平均上升 1.21m，上升区面积占比达 74.31%，显著上升区面积占比高达 52.59%；银川平原地下水位显著上升区面积占比达到 72.51%。深层地下水位以下降为主的平原盆地有松嫩平原、黄淮平原和汾渭平原等 3 个平原，其中，松嫩平原地下水位下降区面积占比为 71.14%，黄淮平原地下水位下降区面积占比为 63.49%，平均地下水位降幅为 0.55m，全国最大。

南方地区 4 个平原盆地中，长江三角洲平浅层地下水位以上升为主，上升区面积占比为 61.33%；浅层地下水位以下降为主的江汉 – 洞庭湖平原、四川盆地和珠江三角洲中，江汉 – 洞庭湖平原未发现地下水位上升区，均为下降区。深层地下水位以上升为主的长江三角洲平原，上升区面积占比达 78.96%，地下水位平均升幅为 0.25m；江汉 – 洞庭湖平原深层地下水位以下降为主，下降区面积占比达 70.15%。

第二节　地下水储存量年际变化

2022 年 12 月与上年同期相比，全国地下水储存量净减少 44.31 亿 m^3/a，其中浅层地下水储存量净减少 49.48 亿 m^3/a，深层地下水储存量净增加 5.17 亿 m^3/a。9 个流域中，海河流域、珠江流域地下水储存量增加，增加量分别为 28.68 亿 m^3/a 和 10.25 亿 m^3/a；长江流域、松辽流域地下水储存量减少较多，分别减少 43.89 亿 m^3/a 和 22.78 亿 m^3/a（表 5.2）。

表 5.2　2022 年 12 月较上年同期流域浅层和深层地下水储存量变化一览表

序号	流域名称	浅层地下水储存量变化量 /(亿 m^3/a)	深层地下水储存量变化量 /(亿 m^3/a)	储存量变化量合计 /(亿 m^3/a)
1	松辽流域	–21.07	–1.71	–22.78
2	海河流域	22.97	5.71	28.68
3	黄河流域	–8.57	0.85	–7.72
4	淮河流域	–5.17	–0.56	–5.73
5	长江流域	–44.84	0.95	–43.89

续表

序号	流域名称	浅层地下水储存量变化量/(亿 m³/a)	深层地下水储存量变化量/(亿 m³/a)	储存量变化量合计/(亿 m³/a)
6	东南诸河流域	−0.62	−0.07	−0.69
7	珠江流域	10.25	—	10.25
8	西南诸河流域	−0.37	—	−0.37
9	西北干旱内陆盆地区	−2.06	—	−2.06
合计		−49.48	5.17	−44.31

注：正值表示储存量增加，负值表示储存量减少，“—”表示未评价该层位地下水储存量变化量。

2022 年 12 月与上年同期相比，17 个主要平原盆地地下水储存量净减少 34.74 亿 m³/a，其中浅层地下水储存量净减少 40.04 亿 m³/a，深层地下水储存量净增加 5.30 亿 m³/a。北方地区 13 个平原盆地地下水储存量净增加 17.32 亿 m³/a，其中，浅层地下水储存量净增加 13.02 亿 m³/a，深层地下水储存量净增加 4.30 亿 m³/a。地下水储存量增加的有准噶尔盆地、华北平原、辽河平原、塔里木盆地、柴达木盆地 5 个平原盆地，其中准噶尔盆地、华北平原、辽河平原增量较大，分别增加了 33.35 亿 m³/a、28.62 亿 m³/a 和 20.97 亿 m³/a；松嫩平原、黄淮平原、河西走廊、汾渭平原、三江平原、鄂尔多斯盆地、河套平原 7 个平原盆地地下水储存量减少，其中松嫩平原和河西走廊减量较大，分别减少了 38.41 亿 m³/a 和 12.49 亿 m³/a；银川平原地下水储存量基本稳定。南方地区 4 个平原盆地地下水储存量净减少 52.06 亿 m³/a，其中，浅层地下水储存量净减少 53.06 亿 m³/a，深层地下水储存量净增加 1.00 亿 m³/a。江汉 – 洞庭湖平原、四川盆地地下水储存量分别净减少 21.47 亿 m³/a 和 33.60 亿 m³/a；长江三角洲、珠江三角洲地下水储存量分别净增加 1.88 亿 m³/a 和 1.13 亿 m³/a（表 5.3）。

表 5.3　2022 年 12 月较上年同期 17 个主要平原盆地地下水储存量变化一览表

序号	平原盆地名称	浅层地下水储存量变化量/(亿 m³/a)	深层地下水储存量变化量/(亿 m³/a)	储存量变化量合计/(亿 m³/a)
1	松嫩平原	−36.70	−1.71	−38.41
2	辽河平原	20.97	—	20.97
3	三江平原	−4.47	—	−4.47
4	华北平原	22.91	5.71	28.62
5	黄淮平原	−5.17	−0.56	−5.73
6	鄂尔多斯盆地	−4.22	—	−4.22
7	河套平原	−1.89	—	−1.89
8	银川平原	−0.35	0.70	0.35
9	汾渭平原	−6.60	0.16	−6.44
10	准噶尔盆地	33.35	—	33.35
11	塔里木盆地	5.49	—	5.49
12	河西走廊	−12.49	—	−12.49
13	柴达木盆地	2.19	—	2.19

续表

序号	平原盆地名称	浅层地下水储存量变化量/(亿 m³/a)	深层地下水储存量变化量/(亿 m³/a)	储存量变化量合计/(亿 m³/a)
北方合计		13.02	4.30	17.32
14	四川盆地	–33.60	—	–33.60
15	江汉－洞庭湖平原	–21.36	–0.11	–21.47
16	长江三角洲	0.77	1.11	1.88
17	珠江三角洲	1.13	—	1.13
南方合计		–53.06	1.00	–52.06
全国合计		–40.04	5.30	–34.74

注：正值表示储存量增加，负值表示储存量减少，“—”表示未评价该层位地下水储存量变化量。

第三节　地下水位降落漏斗年际变化

2022 年地下水低水位期，全国 50km^2 以上地下水位降落漏斗总计 37 个，总面积为 4.73 万 km^2，其中浅层漏斗 17 个，总面积为 2.27 万 km^2，主要分布在华北平原、黄淮平原、松辽平原、三江平原、汾渭盆地、大同盆地、银川平原、河西走廊和塔里木盆地等地；深层漏斗 20 个，总面积为 2.46 万 km^2，主要分布在华北平原、黄淮平原、汾渭盆地、准噶尔盆地等地。与 2021 年地下水低水位期相比，新增 3 处漏斗，分别位于内蒙古包头、巴彦淖尔以及辽宁锦州；另有 1 处漏斗消失，位于江苏无锡。2021 年、2022 年低水位期均存在的 34 处地下水位降落漏斗总面积减少了 12977.6km^2，其中浅层地下水漏斗面积减少 2552.6km^2，深层地下水漏斗面积减少 10425.0km^2。地下水位降落漏斗总面积合计减少 13251km^2（表 5.4、表 5.5）。

2022 年，华北平原受 2021 年 7 月后汛期极端强降水，以及南水北调水源置换、河湖生态补水等影响，7 个浅层地下水位降落漏斗总面积为 13659.0km^2，与上年同期相比减少 2726.1km^2；其中，面积最大的宁柏隆－高蠡清－徐水保定复合漏斗面积减少 1617.5km^2，漏斗中心地下水埋深减少 8.5m。深层地下水位降落漏斗面积均减少，4 个漏斗面积共减少 9483.8km^2；其中，面积最大的天津－沧州－衡水－德州－邢台连片的地下水复合漏斗面积减少 7803.1km^2。三江平原建三江地下水位降落漏斗面积为 4123.0km^2，较上年同期增加 454.0km^2，漏斗中心地下水位下降 0.2m。松辽平原浅层漏斗面积增加，总面积增加 135.1km^2，最大的通辽漏斗面积增加 89.7km^2；深层漏斗面积减少，总面积减少 240.4km^2，面积最大的盘锦漏斗面积减少 70.0km^2。黄淮平原 5 处地下水位降落漏斗均为深层漏斗，总面积减少 547.1km^2，面积最大的河南民权－宁陵漏斗面积减少 339.6km^2；漏斗中心地下水埋深最大的山东菏泽－山东定陶漏斗地下水位上升 11.3m。河西走廊及北山、准噶尔盆地、塔里木盆地等西北干旱内陆盆地区地下水位降落漏斗总面积增加 31.8km^2，其中，面积最大的库尔勒漏斗面积减少了 34.3km^2。

表 5.4　全国主要流域地下水降落漏斗信息一览表（2021~2022 年）

流域名称	浅层漏斗				深层漏斗				漏斗合计			
	数量 / 个	面积 /km^2			数量 / 个	面积 /km^2			数量 / 个	面积 /km^2		
		2021 年	2022 年	2021~2022 年变化		2021 年	2022 年	2021~2022 年变化		2021 年	2022 年	2021~2022 年变化
海河流域	7	16385	13659	–2726	4	25226	15742	–9484	11	41611	29401	–12210
黄河流域	3	1787	1501	–286	8	908	704	–204	11	2695	2205	–490
松辽流域	4	5545	6265	720	2	705	463	–242	6	6250	6728	478
淮河流域	—	—	—	—	5	7950	7403	–547	5	7950	7403	–547
长江流域	—	—	—	—	1	513	—	–513	1	513	—	–513
西北干旱内陆盆地区	3	1316	1294	–22	1	230	283	53	4	1546	1577	31
合计	17	25033	22719	–2314	20	35532	24594	–10937	37	60565	47314	–13251

表 5.5　全国主要地下水降落漏斗信息一览表（2021~2022 年）

序号	漏斗名称	漏斗中心所在地	漏斗层位	漏斗面积 /km^2		
				2021 年	2022 年	2021~2022 年变化
1	邯郸肥乡 – 广平	河北邯郸	浅层	1968.6	1542.5	–426.1
2	平乡 – 曲周	河北邢台	浅层	412.0	76.5	–335.5
3	宁柏隆 – 高蠡清 – 徐水保定	河北邢台 – 衡水 – 保定	浅层	9723.0	8105.6	–1617.5
4	雄县霸州	河北保定	浅层	1738.5	1787.2	48.7
5	北京顺义 – 廊坊三河	北京顺义 – 河北廊坊	浅层	1129.7	439.9	–689.8
6	滦南 – 乐亭	河北唐山	浅层	445.1	549.1	104.1
7	唐海	河北唐山	浅层	968.3	1158.2	189.9
8	天津 – 沧州 – 衡水 – 德州 – 邢台	河北衡水	深层	22669.6	14866.5	–7803.1
9	宁河 – 汉沽	天津宁河	深层	691.4	441.8	–249.6
10	乐亭	河北唐山	深层	210.5	201.6	–8.8
11	肥乡	河北邯郸	深层	1654.1	231.9	–1422.3
12	大荔南部沙苑	陕西渭南	中层	120.5	168.5	48.1
13	西安城区	陕西西安	中层	67.0	54.8	–12.1
14	石嘴山市大武口水源地	宁夏大武口	中层	22.4	23.6	1.3
15	银川市北郊水源地	宁夏银川	中层	9.0	14.1	5.1
16	太原城区	山西太原	深层	104.5	75.6	–28.8
17	介休市宋古乡	山西晋中	深层	239.4	189.0	–50.4
18	临汾尧都区 – 襄汾县	山西临汾	深层	231.0	64.0	–167.0
19	呼和浩特市区水源地	内蒙古呼和浩特	深层	114.5	113.7	–0.8

续表

序号	漏斗名称	漏斗中心所在地	漏斗层位	漏斗面积 /km²		
				2021 年	2022 年	2021~2022 年变化
20	包头市哈业忽洞镇	内蒙古包头市	浅层	—	53.5	53.5
21	德岭山镇－大佘太镇	内蒙古巴彦淖尔市	浅层	—	55.0	55.0
22	清丰南乐	河南濮阳	浅层	1786.8	1392.4	−394.4
23	建三江	黑龙江建三江垦区	浅层	3669.0	4123.0	454.0
24	松北	黑龙江哈尔滨	浅层	150.2	195.6	45.4
25	通辽	内蒙古通辽	浅层	1725.8	1815.4	89.7
26	大庆	黑龙江大庆	深层	342.8	170.4	−170.4
27	盘锦	辽宁盘锦	深层	362.5	292.5	−70.0
28	沟帮子	辽宁锦州	浅层	—	130.7	130.7
29	山东菏泽	山东菏泽市	深层	510.5	1142.6	−118.5
	山东定陶	山东菏泽市		750.6		
30	河南民权－宁陵（多承压层混合开采）	河南商丘市	深层	3001.0	2661.4	−339.6
31	安徽砀山	安徽宿州市	深层	1067.4	1333.0	265.7
32	安徽亳州南	安徽亳州市	深层	639.5	536.5	−103.0
33	安徽阜阳－太和连片（阜阳中心）	安徽阜阳市	深层	1980.8	1729.1	−251.6
	安徽阜阳－太和连片（太和中心）	安徽阜阳市	深层			
34	民勤	甘肃武威	浅层	433.4	422.7	−10.7
35	昌宁	甘肃武威	浅层	64.7	88.5	23.8
36	库尔勒	新疆库尔勒包头湖农场东南侧	浅层	817.4	783.2	−34.3
37	石河子莫索湾	新疆石河子莫索湾	深层	230.0	283.0	53.0

注：漏斗面积变化为正数表示面积增大，负数表示面积减小；“—”表示没有数据。

第四节　年度重大气象水文事件对地下水资源的影响分析

2022 年，全国极端气象事件多发，对地下水资源形成与变化具有显著影响。本节选取长江流域汛期极端干旱、珠江流域的北江流域超强降水过程、塔里木盆地汛期异常洪水和辽河流域的绕阳河汛期异常强降水等重大气象水文事件，通过降水量、河川径流量与地下水位的对比分析，分析了地下水系统对重大气象水文事件的响应过程和地下水资源储存量的变化，为科学利用地下水调蓄能力和有序应对极端事件提供借鉴。

一、长江流域罕见“汛期反枯”，地下水位明显下降

（一）年降水量较常年减少 17.20%，干流河川径流量较多年平均减少 15.45%

自 2022 年 6 月中旬开始，长江流域上、中、下游降水量持续偏少，流域 7~9 月累计降水量仅 291mm，比 2000~2021 年同期多年平均偏少 39%，尤其是中下游区域，较同期多年平均偏少 60% 以上，洞庭湖、鄱阳湖两湖水系降水偏少 50% 以上、局部偏少 80% 以上，洞庭湖水系降水量仅 74.6mm，鄱阳湖水系降水量仅 69.0mm（图 5.1、图 5.2）。

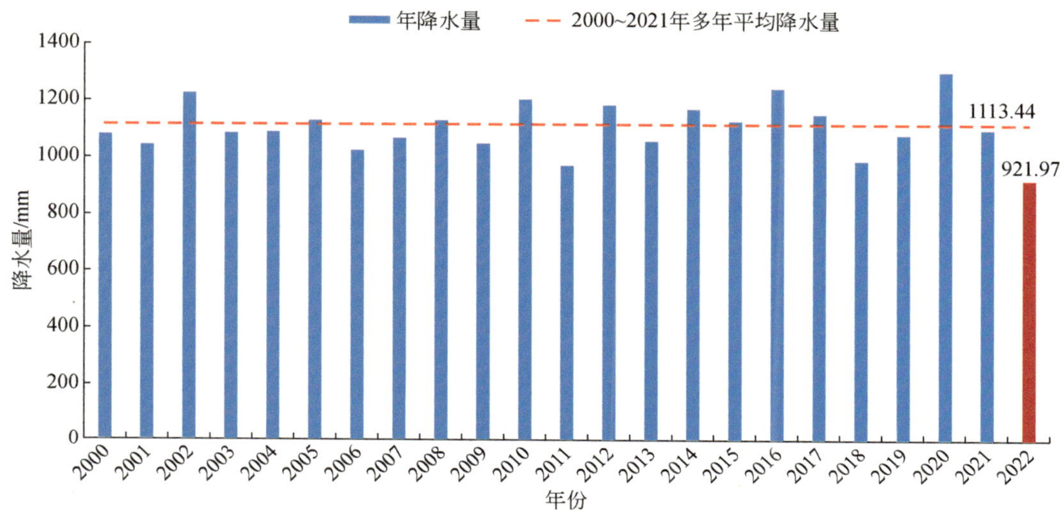

图 5.1　长江流域 2000~2022 年度降水量年际平均值对比图

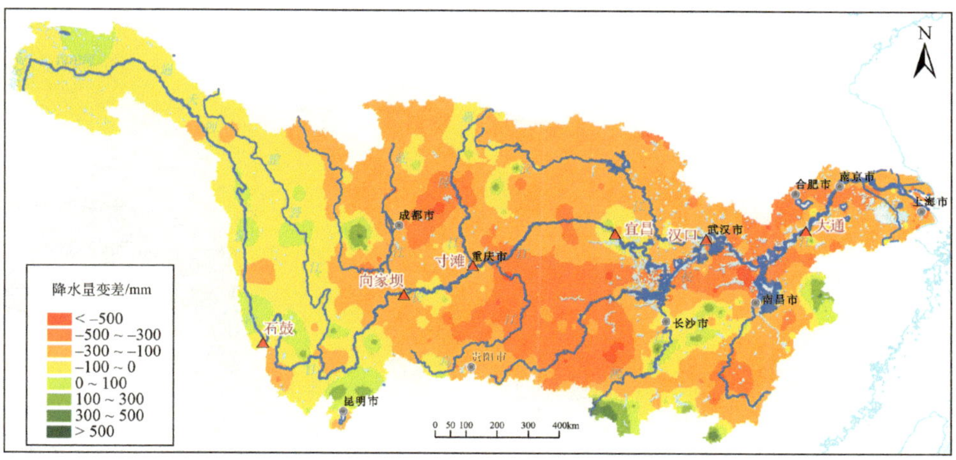

图 5.2　长江流域 2022 年与多年平均（2000~2021 年）降水量变差空间分布图

同时期气温异常偏高，流域高温日数长达 45.6 天，发生了 1961 年以来有完整记录的最严重气象干旱，其中影响严重区主要集中在人口密集、经济发达的成都平原、南襄盆地、江汉 – 洞庭湖平原、鄱阳湖平原和长江三角洲平原等五大平原盆地区。

受降水量减少影响，2022 年长江干流水文站点径流量均不同程度的减少（图 5.3），从上游至下游，石鼓、向家坝、寸滩、宜昌、汉口、大通水文站相比多年平均分别减少 7.07%、14.29%、16.47%、15.80%、13.49% 和 15.45%。

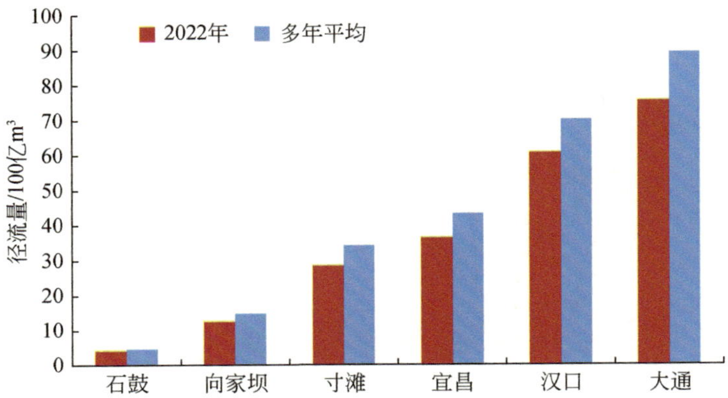

图 5.3　长江干流主要水文站点 2022 年较多年平均径流量变化图

（二）五大平原盆地区地下水位普遍下降，地下水储存量明显减少

根据国家地下水监测工程数据，2022 年 7 月较上年同期，长江流域五大平原盆地区（图 5.4）除中上游的成都平原外，其他平原盆地区地下水位下降明显。

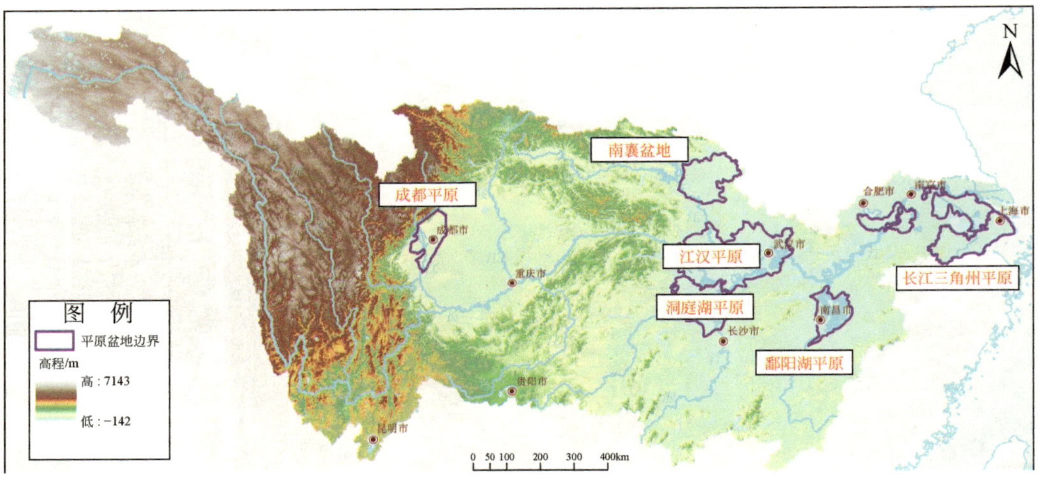

图 5.4　长江流域五大平原盆地区分布图

成都平原 2022 年 7 月较上年同期，潜水位整体呈现显著分区特征，水位变幅一般在 −1.0~1.0m。潜水位下降区域主要分布于成都市及其南部地区，降幅明显的站点主要分布于成都市区周边，最大降幅可达 3.7m；而在成都以北的山前平原带，潜水位有不同程度上升（图 5.5、图 5.6）。

南襄盆地 2022 年 7 月较上年同期，潜水位除局部地区上升外，整体呈下降趋势，降幅一般在 0~3.0m，最大降幅超过 18.0m。襄阳北部和南阳东部潜水位降幅普遍超过 2.0m，降幅较大的区域主要为农田，这些地区地表径流少，其地下水位对降水的依赖程度高（图 5.7、图 5.8）。

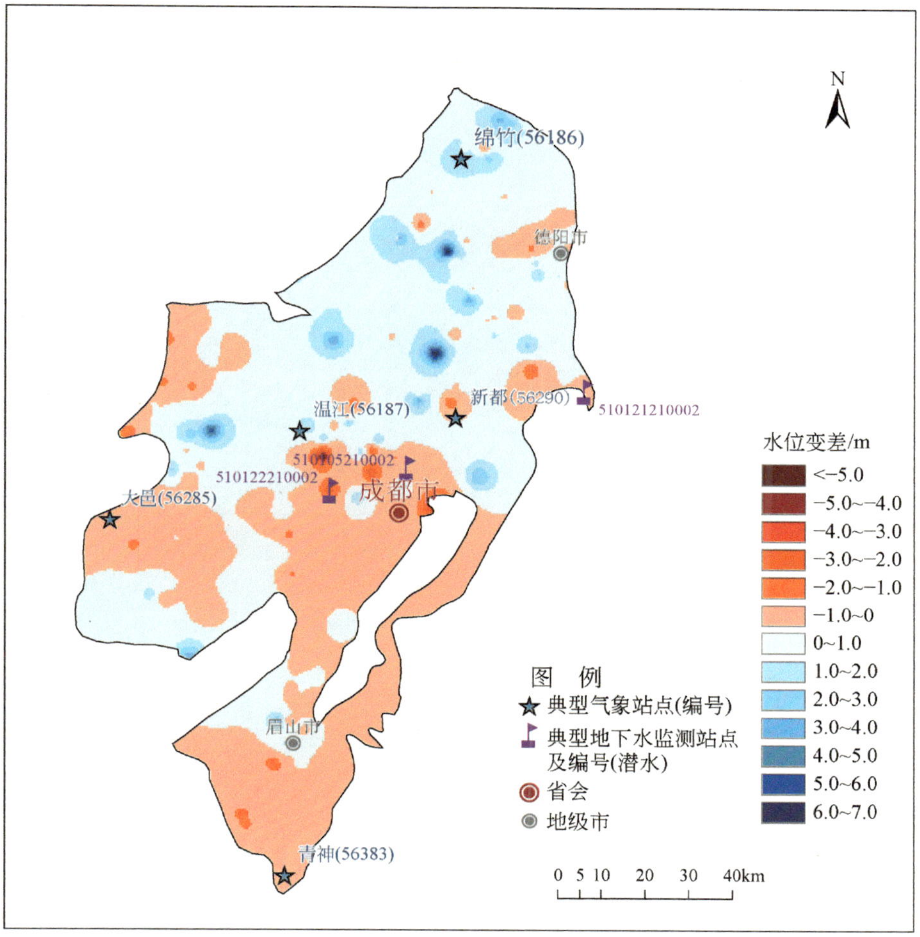

图 5.5　成都平原地下水位变差图（2021 年 7 月至 2022 年 7 月）

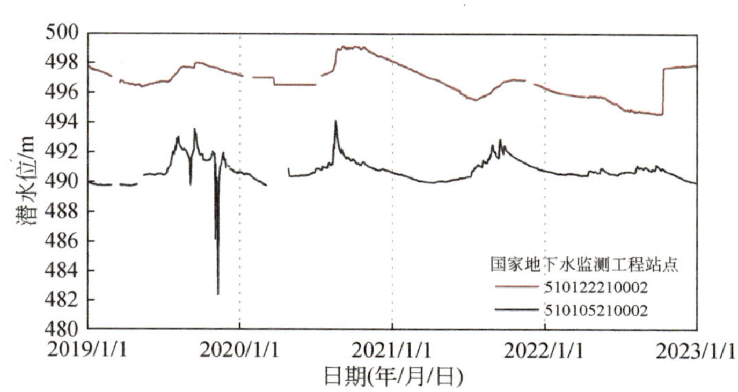

图 5.6　成都平原地下水（潜水）位动态曲线

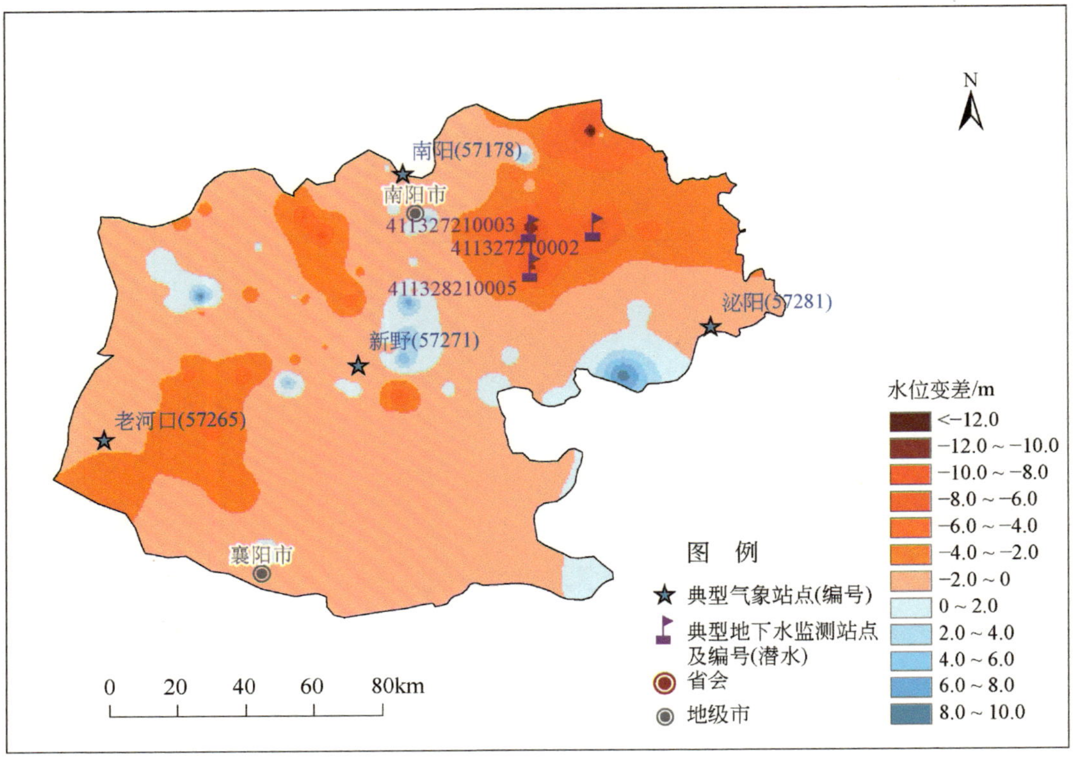

图 5.7　南襄盆地地下水位变差图（2021 年 7 月至 2022 年 7 月）

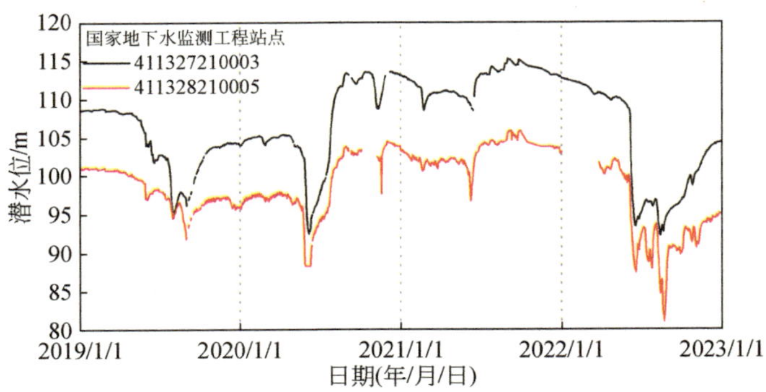

图 5.8　南襄盆地地下水（潜水）位动态曲线

江汉 – 洞庭湖平原 2022 年 7 月较上年同期，潜水位普遍下降，降幅均大于 1.0m，最大降幅达 5.7m。夏季潜水位一般处于高值，而 2022 年 7~9 月由于降水减少，并且伴随高温，蒸散发量大，同时该区域属于水稻主产区，农业需水量大，多方因素叠加导致区域潜水位在 7 月即开始下降（图 5.9、图 5.10）。

鄱阳湖平原 2022 年 7 月较上年同期，绝大部分区域的潜水位降幅在 0~3.0m，最大降幅为 4.9m，降幅大于 2.0m 的区域主要分布在南昌市东部平原区，该区为水稻种植区，需要大量水资源用于灌溉。因干旱导致可取用的地表水量减少，不得不更多地抽取地下水，致使地下水位下降更加明显。仅在南昌北部地区局部地下水位上升，水位变差达 5.5m（图 5.11、图 5.12）。

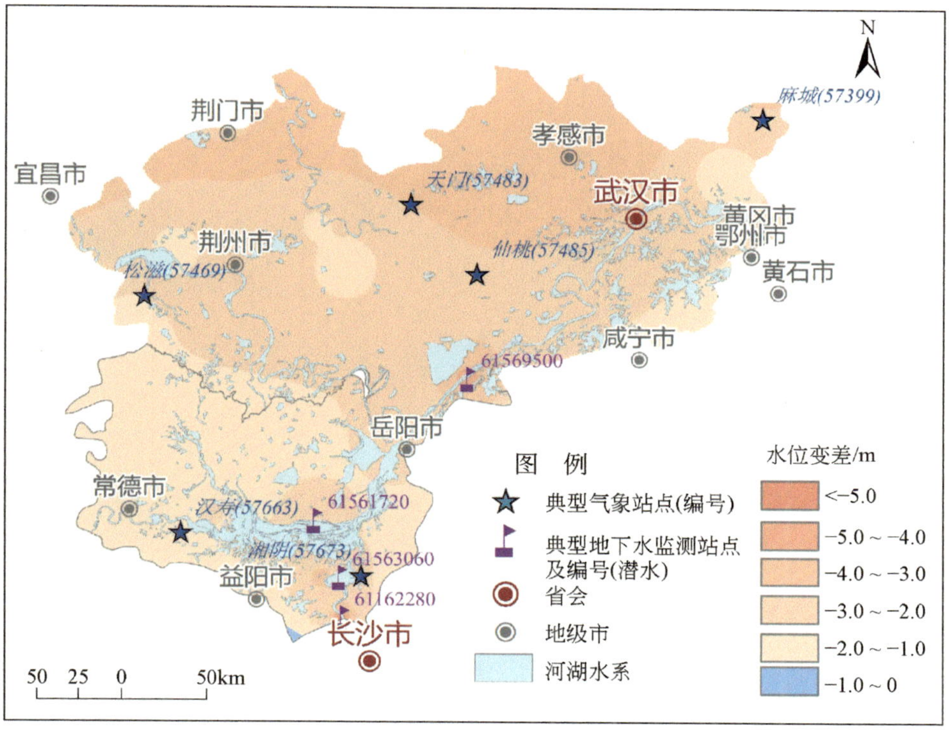

图 5.9　江汉 – 洞庭湖平原地下水位变差图（2021 年 7 月至 2022 年 7 月）

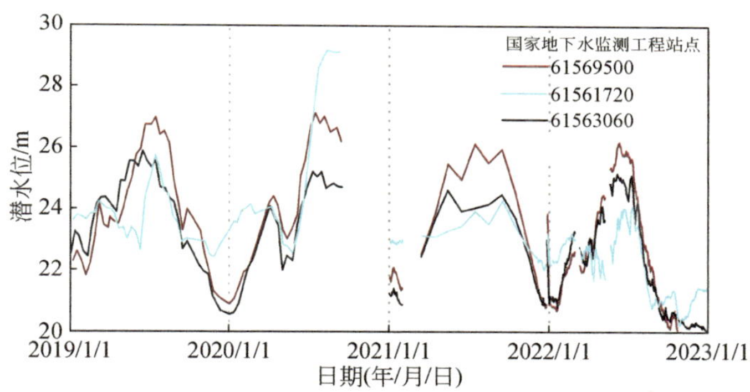

图 5.10　江汉 – 洞庭湖平原地下水（潜水）位动态曲线

长江三角洲平原 2022 年 7 月较上年同期，绝大部分区域的潜水位降幅在 0~1.0m，最大降幅为 6.2m。长江三角洲平原降幅小于鄱阳湖平原，主要原因在于长江中下游旱情较鄱阳湖轻；长江三角洲平原 2022 年夏季降水量虽较往年同期减少，但并未“无雨可下”。尤其是 2022 年 10~12 月降水量恢复至与往年同期相当，地下水位有所回升。潜水位上升区主要分布在桐城、南通、湖州一带，平均升幅在 0~4.0m，最大升幅达 13.8m（图 5.13、图 5.14）。

2022 年 7 月（丰水期）较上年同期，长江流域主要平原盆地地下水储存量总体减少 25.94 亿 m^3，上、下游受降水较少影响，较上年同期地下水储存量减少较大，中游减少较小，其中，成都平原减少 6.44 亿 m^3、南襄盆地减少 0.12 亿 m^3、江汉 – 洞庭湖平原减少 0.39 亿 m^3、鄱阳湖平原减少 6.86 亿 m^3、长江三角洲平原区减少 12.13 亿 m^3。

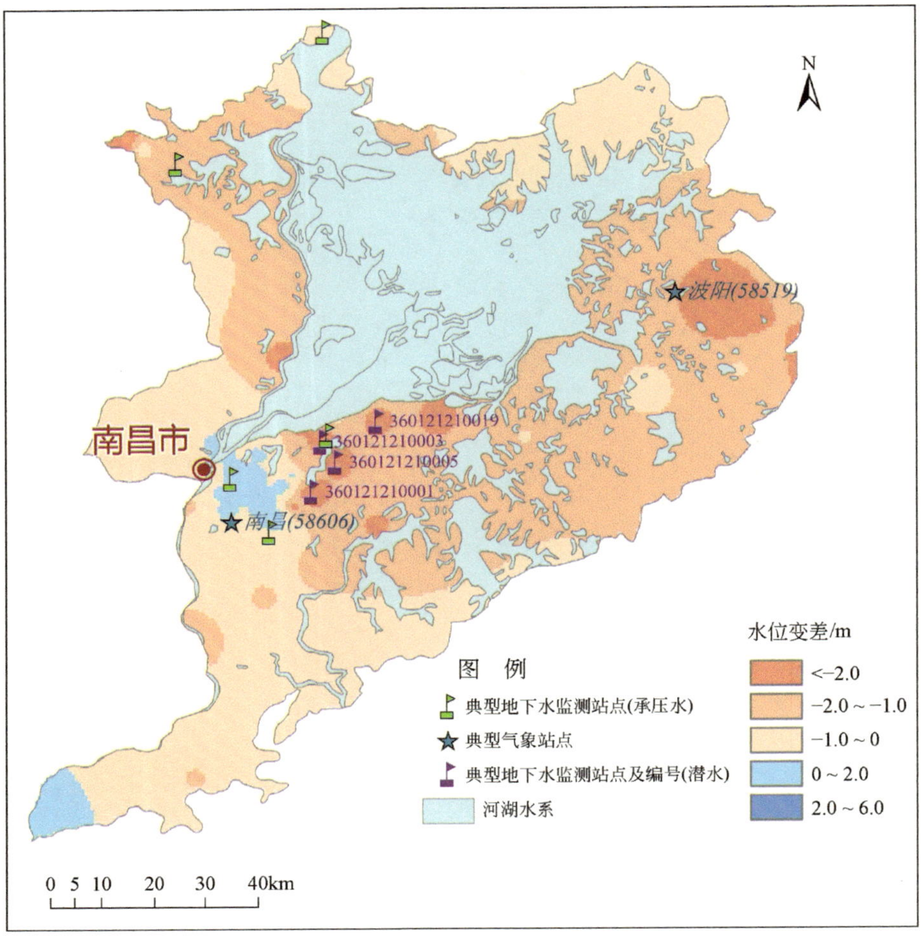

图 5.11 鄱阳湖平原地下水位变差图（2021 年 7 月至 2022 年 7 月）

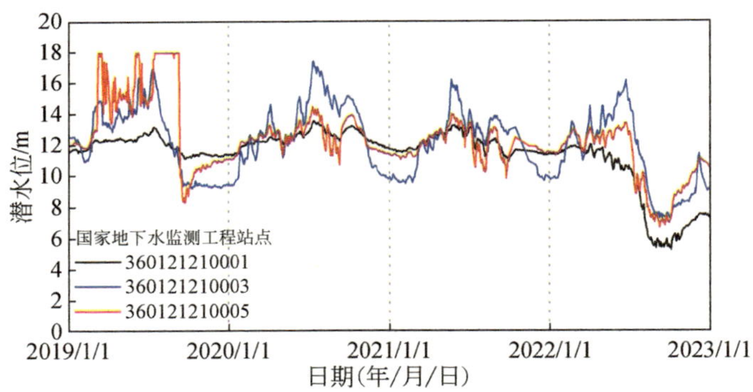

图 5.12 鄱阳湖平原地下水（潜水）位动态曲线

2022 年 12 月（枯水期）较 2021 年同期，长江流域主要平原盆地地下水储存量总体减少 41.94 亿 m^3。7 月以后，中游地区受旱情影响加剧，较上年同期地下水储存量减少显著，而上、下游降水有所增加，地下水储存量变化较小。其中，南襄盆地减少 0.08 亿 m^3、江汉－洞庭湖平原减少 21.47 亿 m^3、鄱阳湖平原减少 20.28 亿 m^3、长江三角洲平原减少 0.11 亿 m^3（表 5.6）。

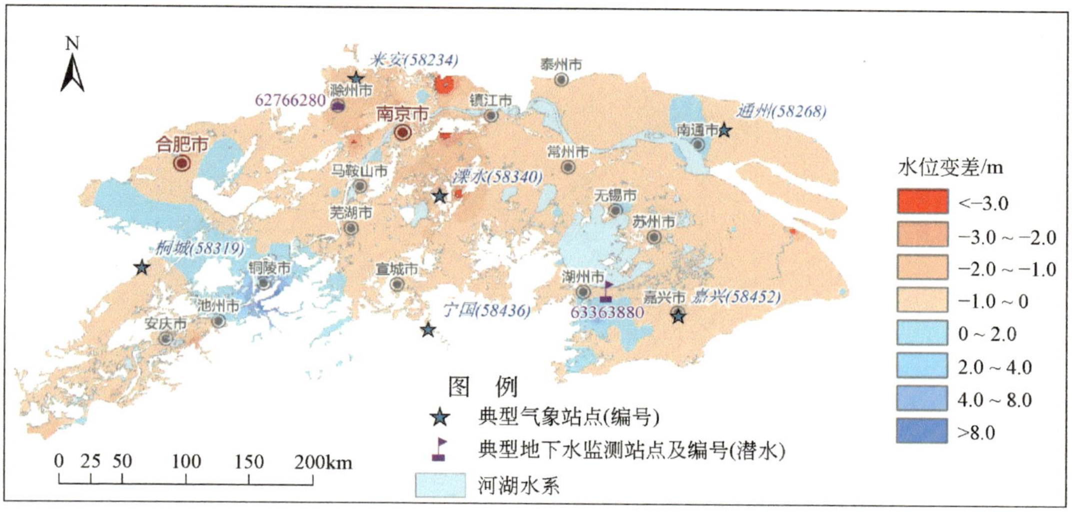

图 5.13　长江三角洲平原地下水位变差图（2021 年 7 月至 2022 年 7 月）

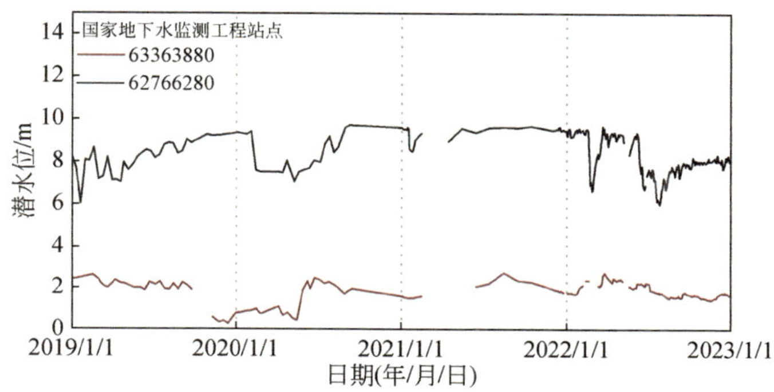

图 5.14　长江三角洲平原地下水（潜水）位动态曲线

表 5.6　长江流域主要平原盆地丰、枯水期地下水储变量一览表（2021~2022 年）

平原盆地名称	丰水期地下水储变量 / 亿 m^3	枯水期地下水储变量 / 亿 m^3
成都平原	-6.44	—
南襄盆地（湖北部分）	-0.12	-0.08
江汉－洞庭湖平原	-0.39	-21.47
鄱阳湖平原	-6.86	-20.28
长江三角洲平原	-12.13	-0.11
合计	-25.94	-41.94

（三）重点湖泊水域面积明显减小

根据洞庭湖水面卫星遥感影像，2022 年 7~9 月，洞庭湖水域面积持续减小，由 7 月 11 日的 1503km^2 减小到 9 月 29 日的 481km^2，其水体面积仅为 2020 年 8 月的 18.4%（图 5.15）。

鄱阳湖水域面积缩小程度较洞庭湖更为严重。据遥感影像数据，2022 年 7 月 15 日 86 个水面面积大于 1km^2 的碟形湖蓄水面积达 930km^2，至 8 月 19 日已有 31 个碟形湖干涸，蓄水面积仅剩 129km^2，仅为 7 月 15 日的 14%，较 2021 年 8 月同期水域面积减少 1988km^2，减幅高达 67.9%（图 5.16）。

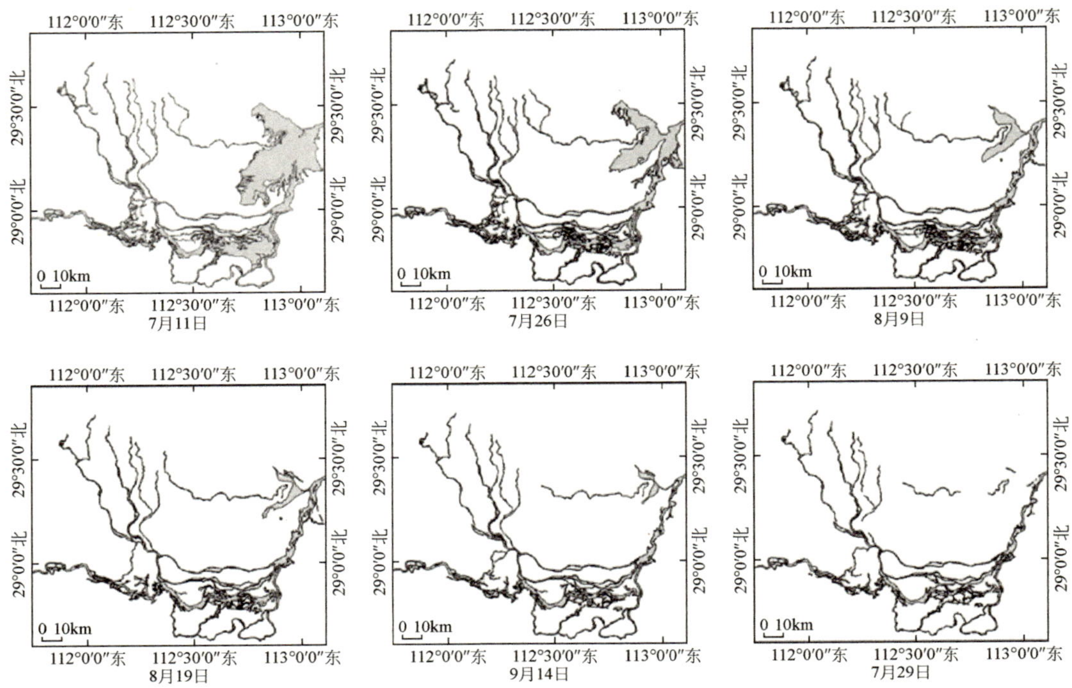

图 5.15　2022 年洞庭湖水域面积变化图

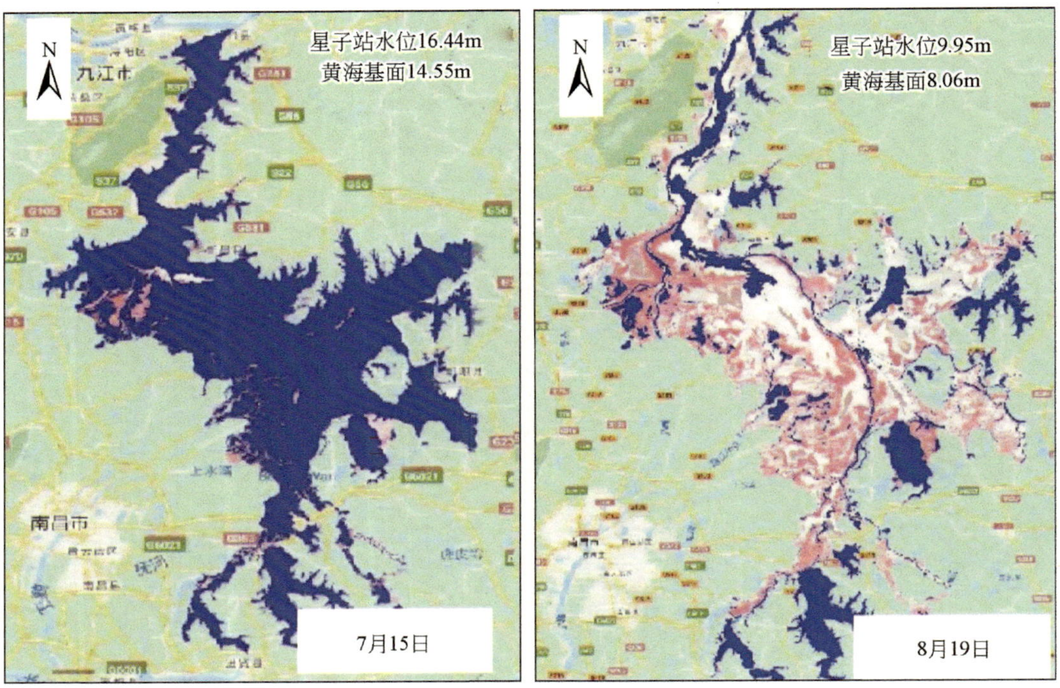

图 5.16　2022 年 7 月 15 日和 8 月 19 日鄱阳湖水域面积对比图

二、北江流域“龙舟水”对地下水补给强烈

2022 年 5 月 21 日—6 月 21 日“龙舟水”期间，珠江流域出现 6 次强降水过程，大部

地区累计降水量超过400mm，较常年同期偏多50%以上。其中，广东省降水量尤其异常，全省平均降水量为514.5mm，较常年同期偏多54%，是有气象记录以来第三多，北部的北江流域降水量是常年同期的1~2倍。下面以北江流域为例，分析强降水对径流和地下水的影响。

（一）北江流域2022年“龙舟水”期间降水量较同期多年平均偏多1.3 ~ 1.9倍，干流径流量是近3年均值的6.37倍

北江流域韶关、清远气象站平均降水量分别为847.2mm、845.8mm，比历史同期分别偏多1.9倍、1.3倍，刷新历史纪录。“龙舟水”期间，受强降水影响，北江干流径流量显著增加。根据北江干流中游飞来峡水文站和下游三水水文站（图5.17）监测数据，在“龙舟水”期间，飞来峡水文站的平均径流量为6915.00m^3/s，是2020~2022年平均径流量1629.61m^3/s的4.24倍，最大径流量为18000m^3/s，分别为2020年和2021年最大径流量的1.62倍和3.17倍（图5.18）；三水水文站平均径流量为8516.22m^3/s，是近3年平均径流量1336.49m^3/s的6.37倍，最大径流量为14800m^3/s，分别为2020年和2021年最大径流量的1.47倍和1.42倍（图5.19）。

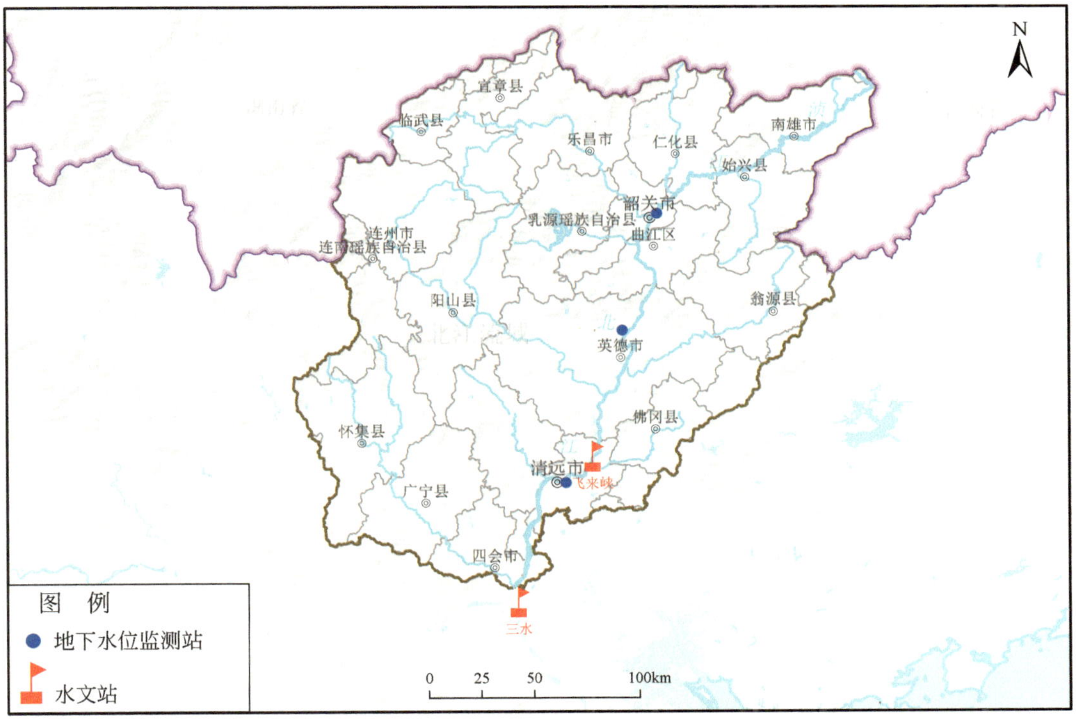

图5.17　北江流域水文站和国家地下水监测工程站点分布图

（二）北江流域地下水位显著上升3~6m，储存量增加7.53亿m^3

在“龙舟水”期间，北江干流的上游（韶关）、中游（英德）和下游（清远）（图5.17）

的地下水位均值分别为 55.08m、34.29m 和 12.62m，比前 3 年同期平均地下水位分别高约 0.90m、2.14m 和 1.67m，最高地下水位分别比 2020~2021 年最高地下水位高 3.29m、1.89m 和 1.44m。结合该地区给水度，计算所得北江流域“龙舟水”期间的地下水储存量增加 7.53 亿 m^3（图 5.20~ 图 5.22）。

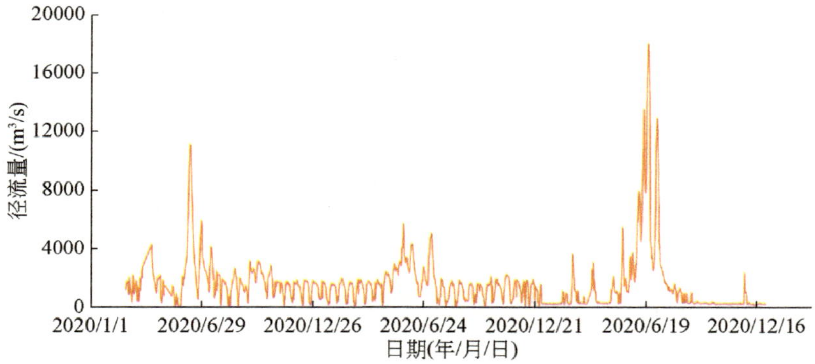

图 5.18　飞来峡水文站径流量动态曲线（2020~2022 年）

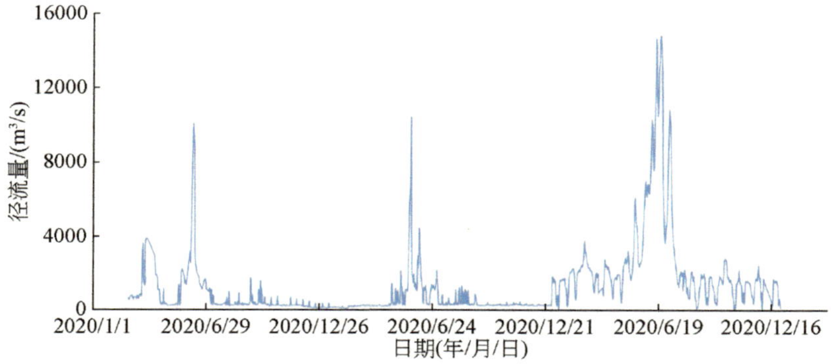

图 5.19　三水水文站径流量动态曲线（2020~2022 年）

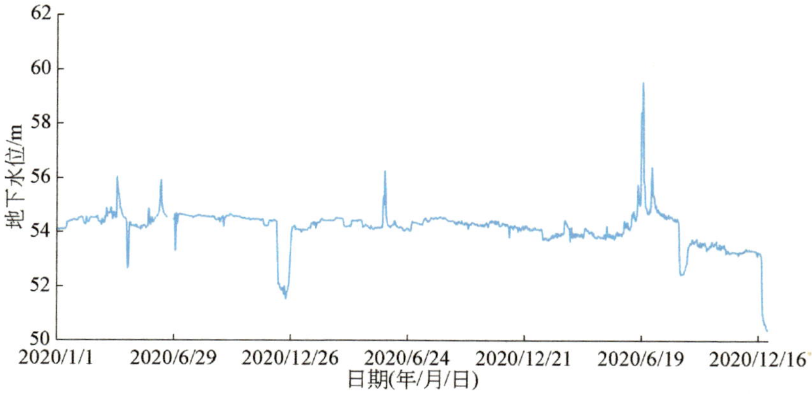

图 5.20　韶关水文站地下水位动态曲线（2020~2022 年）

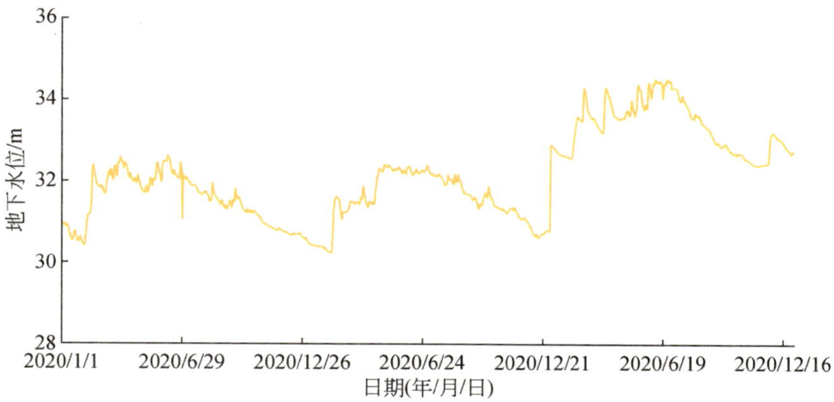

图 5.21　英德水文站地下水位动态曲线（2020~2022 年）

图 5.22　清远水文站地下水位动态曲线（2020~2022 年）

三、塔里木河汛期异常洪水对地下水补给强烈

塔里木河径流量主要由阿克苏河、和田河、叶尔羌河构成（图 5.23）。其中，阿克苏河对塔里木河径流量的贡献占比最大，达 80% 左右。阿克苏河径流组成主要以冰川融水和雨雪混合补给为主，分别占 32.7% 和 27.6%；和田河和叶尔羌河径流组成以冰雪融水为主，分别占 54.1%、64.9%（邓铭江，2009）。

2022 年 5 月下旬，受高温冰雪融化及降雨影响，塔里木河干支流 25 条河发生超警戒流量以上洪水。本次洪水过程呈现以下特点：一是洪水发生早、历时长。5 月下旬，塔里木河各支流洪水提前发生，阿克苏河的支流托什干河较上年提前 42 天；8 月 19 日，塔里木河干流全线超警戒流量，恰拉龙口站超警戒流量持续至 9 月 22 日，较多年平均的 8 月下旬显著延长，为历史罕见。二是洪水总量大、洪峰量值高。5 月下旬至 9 月下旬，塔里木河上游径流量较常年同期偏多，约 1.5 倍，居 1957 年有实测资料以来同期第 1 位；8 月中旬，塔里木河干支流洪水并发，干流阿拉尔站洪峰流量达 $1860m^3/s$，支流喀拉喀什河托满站洪峰流量达 $1200m^3/s$，分列 1957 年以来第 6 位、第 3 位。三是洪水场次多、多型洪水齐发。流域内暴雨洪水、融雪洪水、冰川溃决洪水相继发生，且一度并发叠加。

图 5.23　塔里木流域“三源一干”区典型水文站、地下水监测站点分布图

（一）塔里木河汛期异常洪水主要由阿克苏河流域 8 月强降水所致

塔里木河西部的阿克苏河、和田河、叶尔羌河等三大源流区 6~9 月汛期降水量较同期多年平均降水量枯丰程度不一，阿克苏流域 8 月降水量增幅巨大，和田河流域低于同期多年平均，叶尔羌河较同期多年平均变化不大。

阿尔苏河流域山丘区 2022 年 8 月降水量为 93.52mm，明显高于同期多年平均降水量，增加 43.82mm，增幅为 88.19%，而 6 月、7 月、9 月降水量仅为 28.27mm、15.43mm、15.7mm，相比同期多年平均降水量降低 12.26mm、32.72mm、20.13mm（图 5.24）；平原区同样 8 月降水量增幅最大，达到 86.48%，而 7 月和 9 月分别降低 14.98mm 和 18.36mm，6 月和多年平均降水量相比变化不大（图 5.25）。

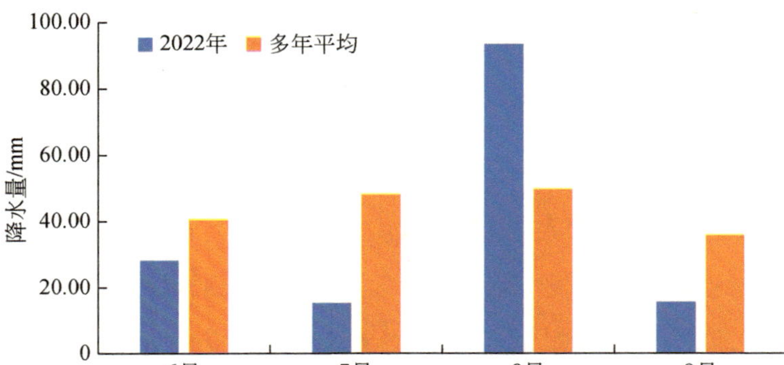

图 5.24　阿克苏河流域山丘区降水量对比图

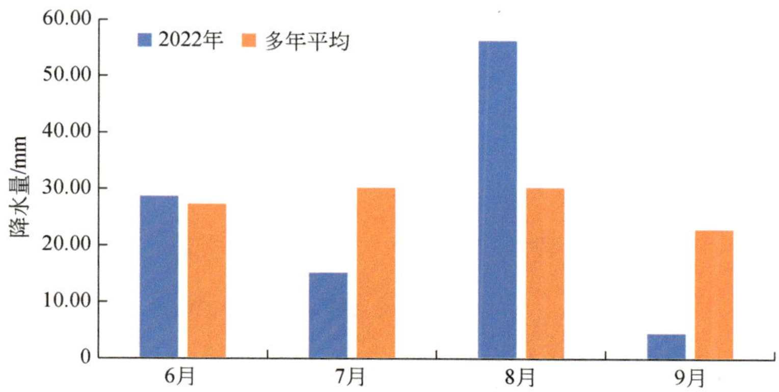

图 5.25　阿克苏河流域平原区降水量对比图

2022 年，和田河流域汛期降水量低于同期多年平均降水量，其中 7 月山丘区降幅最大，降低 35.5mm，降幅达 91.85%。叶尔羌河流域汛期降水量相较于同期多年平均降水量变化不大，6 月、8 月、9 月变幅都在 10mm 以内，7 月降幅较大，山丘区和平原区分别降低 22.96mm、14.71mm，降幅达 75%。

根据塔里木河阿拉尔站数据，2022 年 6 月平均径流量为 504.17m^3/s，月最大径流量为 30 日的 1050m^3/s；7 月平均径流量为 992.71m^3/s，月最大径流量为 9 日的 1250m^3/s；8 月平均径流量为 1171.74m^3/s，月最大径流量为 12 日的 1820m^3/s；9 月平均径流量为 488.27m^3/s，月最大径流量为 1 日的 1110m^3/s。对比 2021 年同期，6 月平均径流量增大 449.47m^3/s，增幅为 821.69%；7 月平均径流量增大 381.26m^3/s，增幅为 62.35%；8 月平均径流量增大 742.84m^3/s，增幅为 173.19%；9 月平均径流量增大 275.33m^3/s，增幅为 129.31%（表 5.7，图 5.26）。

表 5.7　2022 年 6~9 月较上年同期塔里木河径流量变化一览表（阿拉尔站）

月份	2022 年		较 2021 年同期	
	月平均径流量 /(m^3/s)	最大径流量 /(m^3/s)	月平均径流量增量 /(m^3/s)	月平均径流量变幅 /%
6 月	504.17	1050	449.47	821.69
7 月	992.71	1250	381.26	62.35
8 月	1171.74	1820	742.84	173.19
9 月	488.27	1110	275.33	129.31

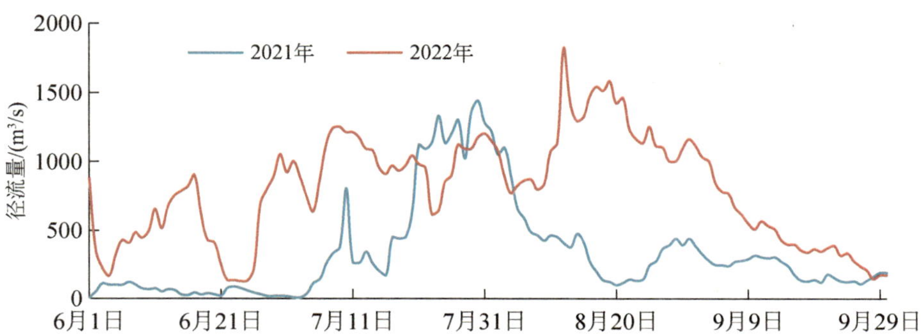

图 5.26　塔里木河径流量对比图（阿拉尔站）

（二）受汛期洪水事件影响，“三源一干”区汛期地下水位回升明显，洪水影响带地下水储存量增加 7.68 亿 m^3

在塔里木河流域，汛期洪水对地下水补给影响较大的区域主要集中在“三源一干”主河道两岸和山前戈壁暴雨洪流影响带。

根据国家地下水监测工程站点数据（监测井位置见图 5.23），在阿克苏河、叶尔羌河、和田河和塔里木河干流（“三源一干”）主河道两岸（距河 2km 范围内），2022 年汛期（5~9 月）地下水埋深较 2021 年均表现出明显上升趋势。“三源一干”流域内 2021 年 5 月地下水位较 9 月无明显上升，而 2022 年 5 月地下水位与 9 月相比，“三源一干”主河道两岸 R1~R6 分别上升（地下水埋深减小）0.6m、0.58m、0.17m、0.37m、2.18m 和 0.73m，显示主河道河岸带地下水位对汛期洪水响应明显（图 5.27~ 图 5.32）。

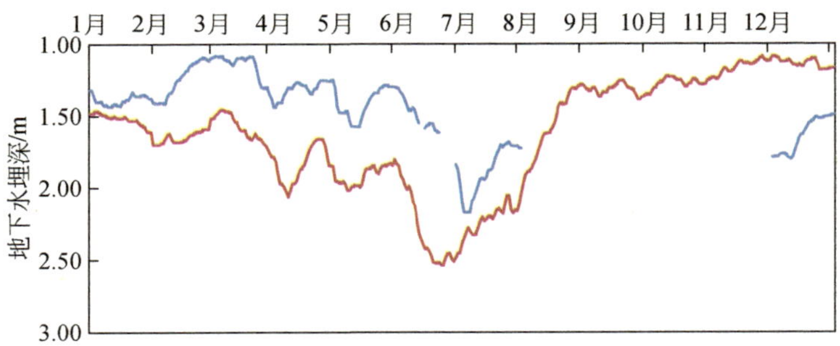

图 5.27 R1（阿克苏河下游）地下水埋深对比图（2021~2022 年）

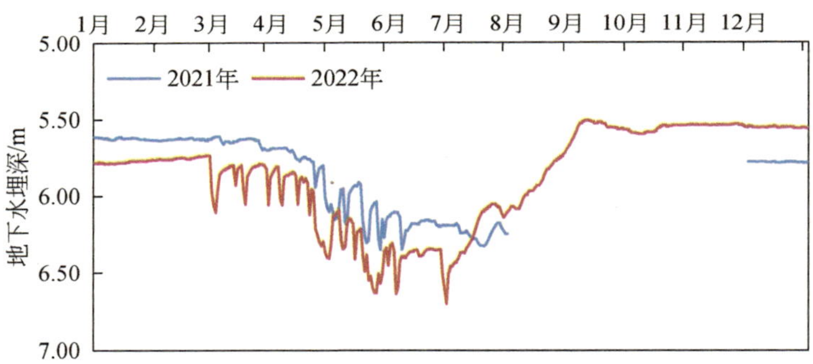

图 5.28 R2（和田河上游）地下水埋深对比图（2021~2022 年）

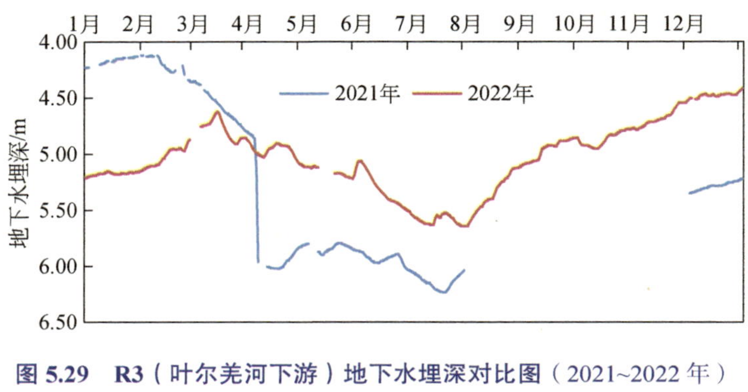

图 5.29 R3（叶尔羌河下游）地下水埋深对比图（2021~2022 年）

在阿克苏河、和田河和叶尔羌河流域山前戈壁暴雨洪流影响带（P1~P3），2022 年 5~12 月地下水位上升（地下水埋深减小）幅度分别为 1.56m、2.28m、0.84m，2021 年 5~9 月地下水位上升幅度分别为 1.28m、1.76m、0.11m，2022 年较 2021 年地下水位上升幅度分别增加 0.28、0.52m、0.73m，显示山前戈壁暴雨洪流影响带地下水位对汛期洪水响应明显（图 5.33~图 5.35）。

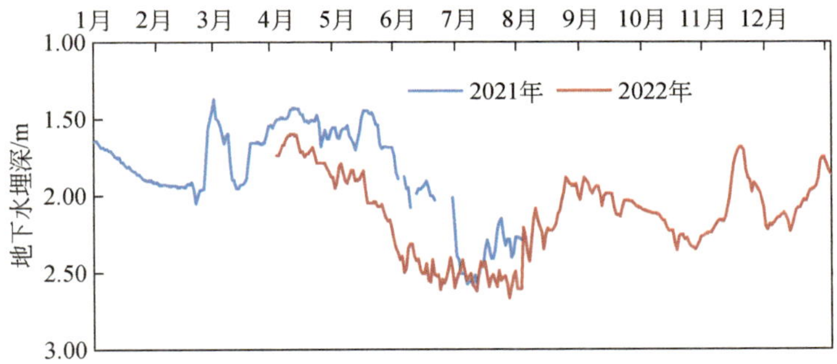

图 5.30　R4（塔里木河上游）地下水埋深对比图（2021~2022 年）

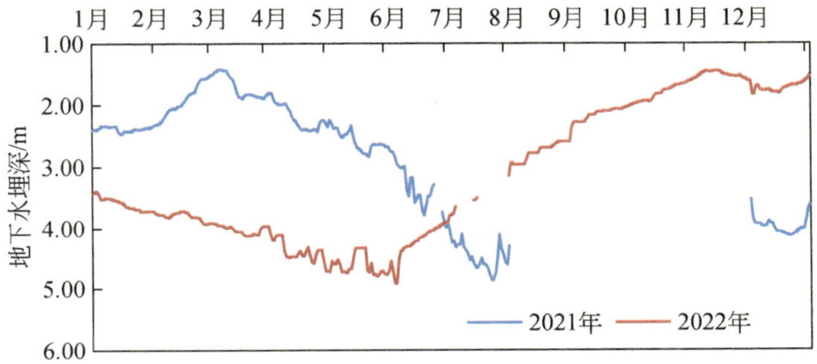

图 5.31　R5（塔里木河中游）地下水埋深对比图（2021~2022 年）

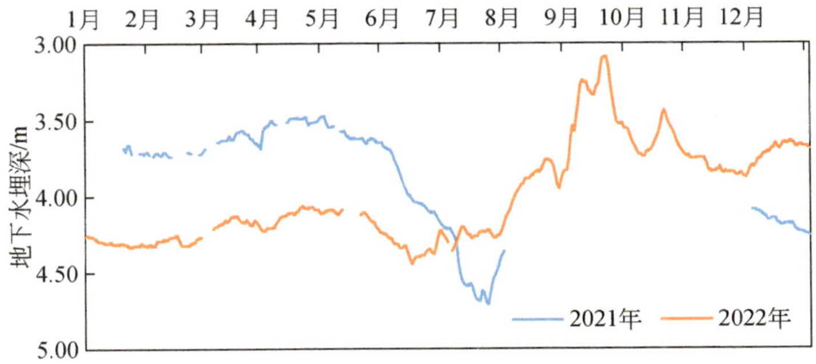

图 5.32　R6（塔里木河下游）地下水埋深对比图（2021~2022 年）

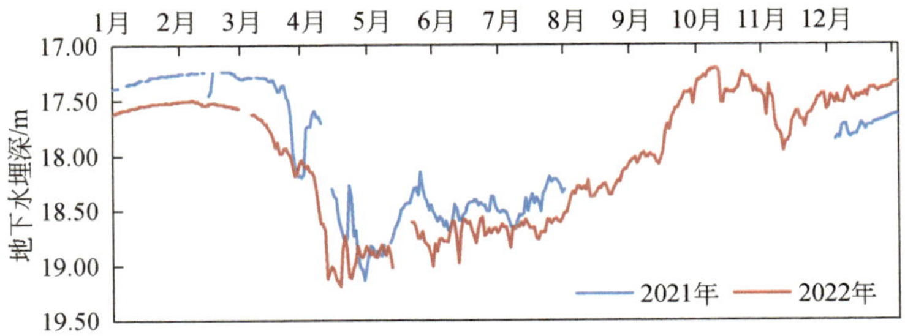

图 5.33　P1（阿克苏河流域山前戈壁暴雨洪流影响带）地下水埋深对比图

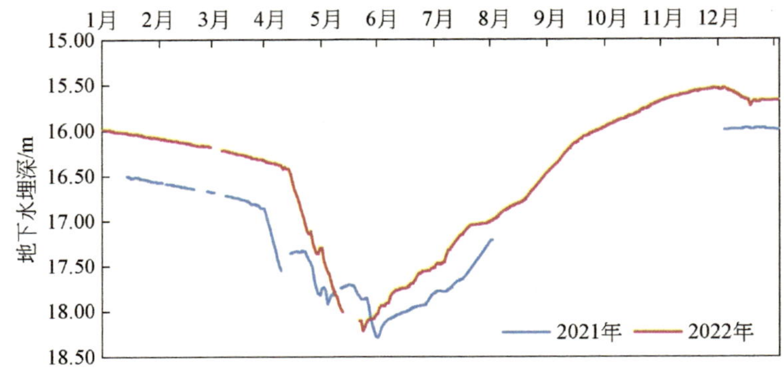

图 5.34　P2（和田河流域山前戈壁暴雨洪流影响带）地下水埋深对比图

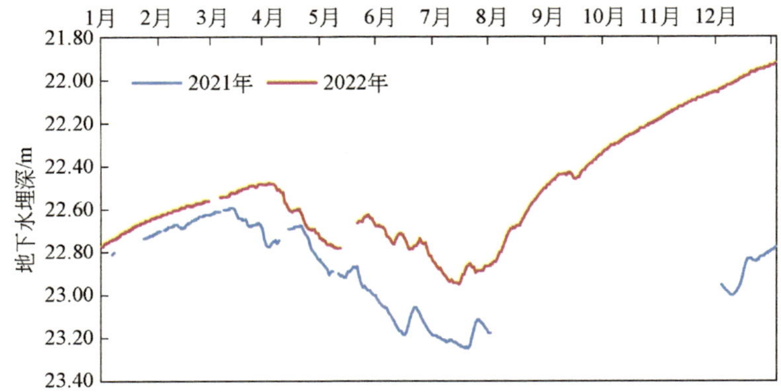

图 5.35　P3（叶尔羌河流域山前戈壁暴雨洪流影响带）地下水埋深对比图

“三源一干”洪水影响区主要包括主河道两岸洪水影响带和山前戈壁暴雨洪流影响带（图 5.36）。其中，主河道两岸洪水影响带面积为河流长度与主河道两岸洪水影响地下水

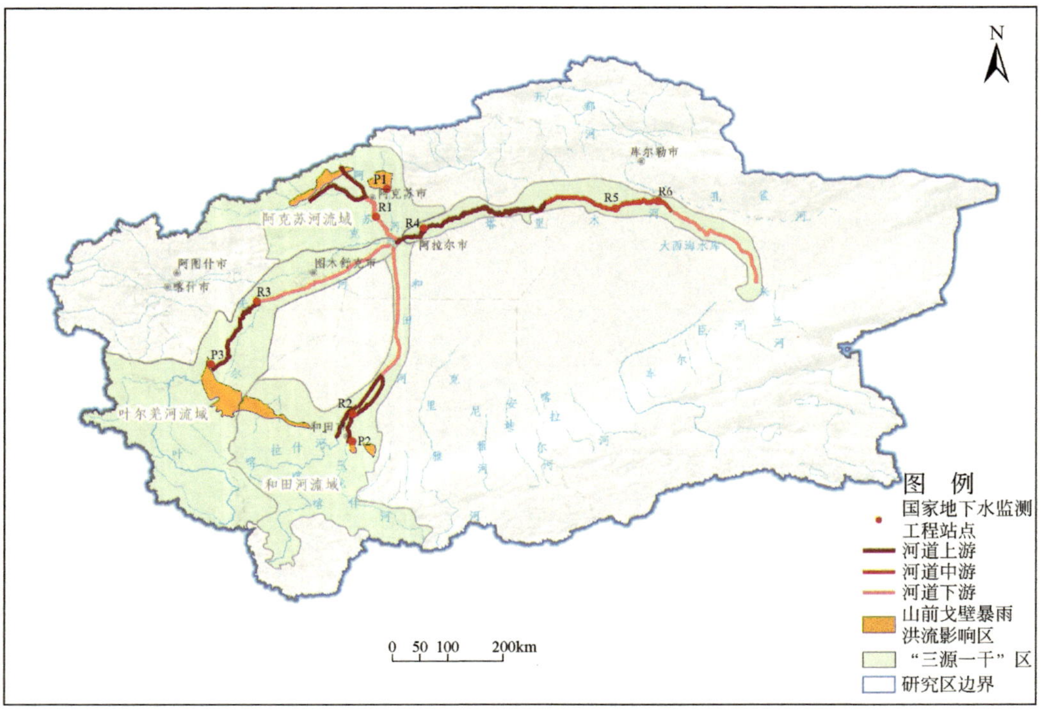

图 5.36　“三源一干”洪水影响区分布范围图

范围面积的乘积，根据河岸带地下水动态监测结果以及前人研究成果[①]（杨鹏年等，2008；古力米热·哈那提等，2020），确定主河道两岸洪水影响地下水范围。山前戈壁暴雨洪流影响带根据山前洪积扇和水文地质图中潜水含水层范围综合确定。

根据地下水位变差、洪水影响区面积及给水度估算洪水引起的地下水储存量变化（表5.8、表5.9）。计算结果显示，“三源一干”洪水影响区地下水储存量共增加 7.68 亿 m^3，其中，主河道两岸洪水影响带地下水储存量共增加 2.27 亿 m^3，山前戈壁暴雨洪流影响带地下水储存量共增加 5.41 亿 m^3。分流域看，阿克苏河流域地下水储存量增加 1.72 亿 m^3；叶尔羌河流域地下水储存量增加 1.54 亿 m^3；和田河流域地下水储存量增加 2.97 亿 m^3；塔里木河干流区地下水储存量增加 1.44 亿 m^3；

表 5.8　“三源一干”主河道两岸洪水影响带储变量计算表（2022 年 5~9 月）

区域		河段长度 /km	单侧距河道影响范围 /m	给水度	平均地下水位变差 /m	储存量变化量 / 亿 m^3	
和田河上游	喀拉喀什河	141.61	1000*	0.1	0.57	0.16	0.43
	玉龙喀什河	151.16	1000*	0.1	0.57	0.17	
和田河下游		279.59	600*	0.05	0.57	0.10	
叶尔羌河上游		159.61	800*	0.1	0.45	0.11	0.15
叶尔羌河下游		267.01	600*	0.05	0.21	0.03	
阿克苏河上游	库玛丽克河	59.32	1000	0.1	0.5	0.06	0.25
	托什干河	97.49	1000	0.1	0.5	0.10	
阿克苏河下游		111.82	800	0.1	0.5	0.09	
塔里木河上游		289.24	2000	0.1	0.32	0.37	1.44
塔里木河中游		241.18	1000	0.1	2	0.96	
塔里木河下游		242.88	800	0.07	0.4	0.11	
合计							2.27

* 单侧距河道影响范围根据水文地质条件估算得出。

表 5.9　“三源一干”山前戈壁暴雨洪流影响带储变量计算表（2022 年 5~9 月）

区域	计算面积 /km^2	给水度	平均地下水位变差 /m	储存量变化量 / 亿 m^3
阿克苏河流域	2683.42	0.1	0.55	1.48
和田河流域	2543.3	0.1	1	2.54
叶尔羌河流域	3484.01	0.1	0.4	1.39
合计				5.41

（三）塔里木河流域重要湖泊汛期面积增大明显

根据遥感解译分析，2022 年汛期（5~9 月）和 2021 年同期阿克苏流域艾西曼湖和塔里木河尾闾台特玛湖的面积变化。2021 年内湖泊面积基本不变甚至略有下降，2022 年洪水事

① 李升，刘天超，向永等，2012，新疆阿克苏流域地下水循环演化与地表水转化关系专题研究报告，新疆大学地质与矿业工程学院。

件开始后，湖泊面积显著增加，7 月后艾西曼湖面积月均增加 17.62km²，台特玛湖面积月均增加 59.07km²。2022 年 5~9 月汛期前后相比，艾西曼湖面积为 115.27km²，增大 57.08km²，台特玛湖面积为 250.31km²，增大 126.91km²（图 5.37、图 5.38）。

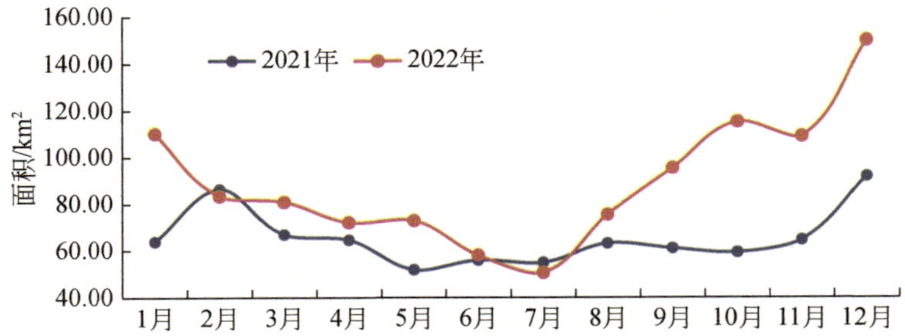

图 5.37　艾西曼湖汛期湖泊面积变化图

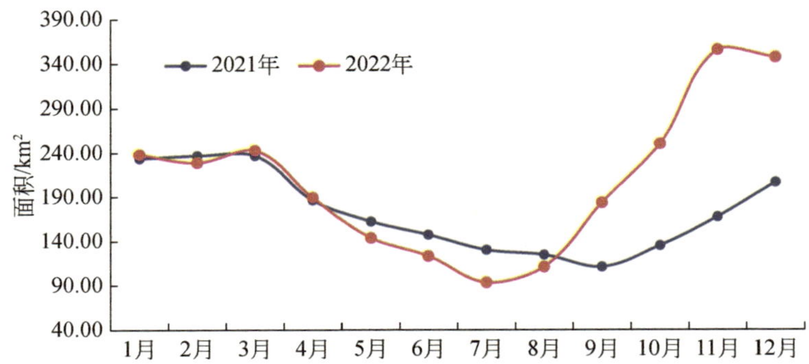

图 5.38　台特玛湖汛期湖泊面积变化图

四、绕阳河汛期异常强降水对地下水补给强烈

2022 年 6~7 月，辽宁降水量为 420.6mm，比 1991 年以来常年同期偏多 70%，超过常年夏季降水总量，为近 30 年历史同期最大，降水日数为历史同期第二多。绕阳河是辽河西岸最大的支流（图 5.39），干流全长 326km，流域面积为 10348km²。受强降水影响，6 月入汛后，绕阳河水位持续超过警戒水位。

（一）绕阳河流域降水量较多年平均偏大 29.01%，引发 1951 年以来最大洪水

绕阳河流域 2022 年降水量为 745.8mm，比多年平均降水量高 167.7mm，偏大 29.01%，据 2022 年降水量距平图，流域北部及南部腹地降水量较多年平均降水量高约 200~400mm。其中，6~7 月降水量平均达到 541.0mm，占全年降水量的 72.54%，较常年平均降水量高 306.9mm，为历史同期第一位（图 5.40）。

绕阳河於河盖站实测超过警戒水位 59 天（6 月 29 日至 8 月 27 日），7 月 31 日 18 时出现最高水位 4.93m，为 1951 年以来最大洪水（图 5.41）。

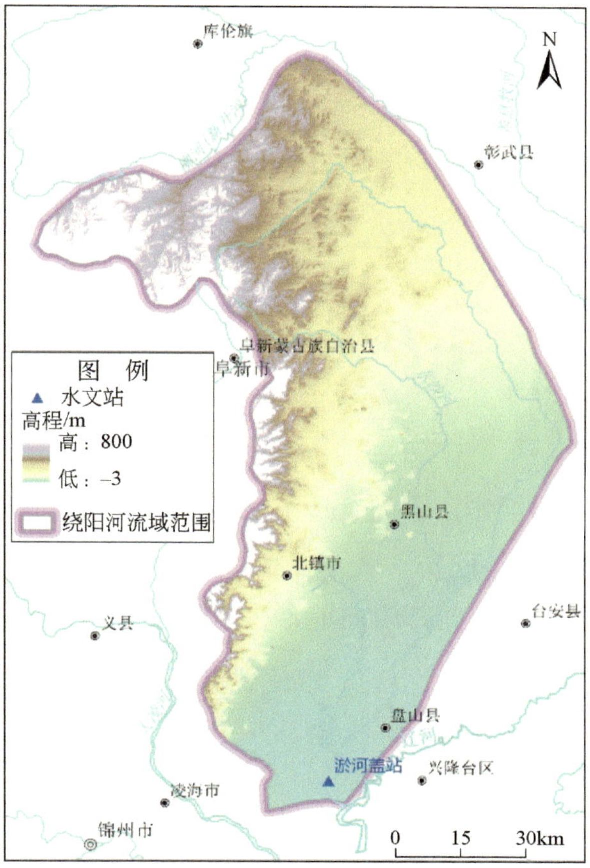

图 5.39 绕阳河流域地理位置图

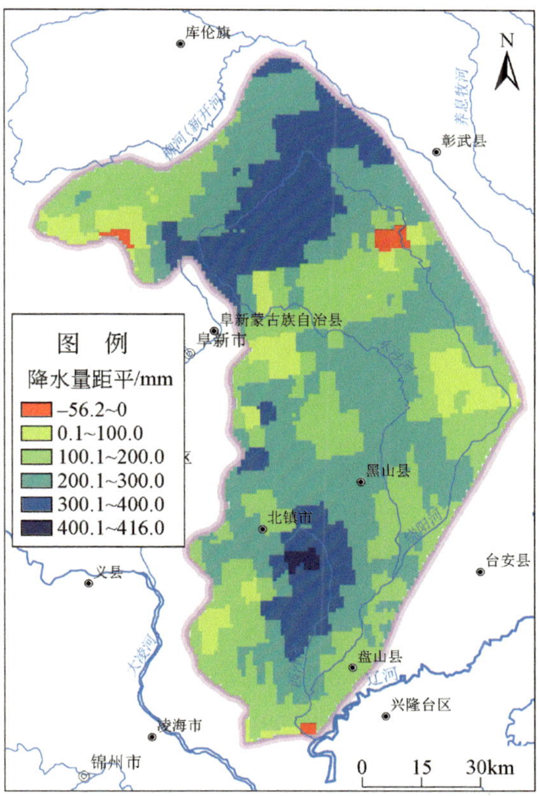

图 5.40 绕阳河流域 2022 年降水量距平图

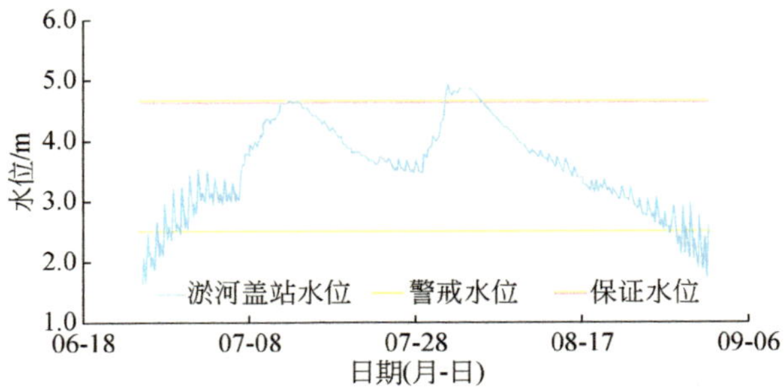

图 5.41　淤河盖水文站水位动态曲线

（二）流域地下水位较上年同期平均上升 1.07m，地下水储存量增加 9.65 亿 m^3

异常集中降水对地下水补给作用强烈，地下水位上升。根据国家地下水监测工程站点地下水位数据，2022 年 8 月较上年同期，绕阳河流域平原区地下水位整体呈抬升状态，平均上升 1.07m。在流域南部、北部以及西部山前地带，上升超过 1.00m，局部超过 3.00m（图 5.42）。

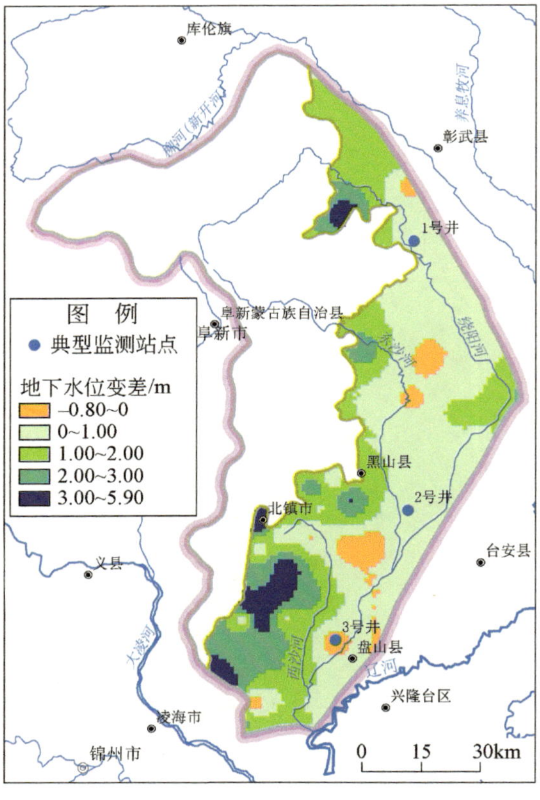

图 5.42　绕阳河流域平原区地下水位变差图（2021 年 8 月至 2022 年 8 月）

绕阳河流域平原区地下水位呈明显上升趋势。根据区内上、中、下游 3 眼监测井水位情况，上游 1 号监测井 2021 年 10 月地下水位达到近年来新高（地下水埋深 1.14m）后，迅速下降；直到 2022 年 5 月，随着降水持续增加地下水位不断上升；到 2022 年 7 月地下水埋深达到峰值 0.96m。2022 年 7~8 月平均地下水位比 1~5 月高 1.66m，2022 年 7 月的地下水位比

2021 年 7 月高 1.56m，2022 年 8 月地下水位比 2021 年 8 月高 0.74m（图 5.43）。

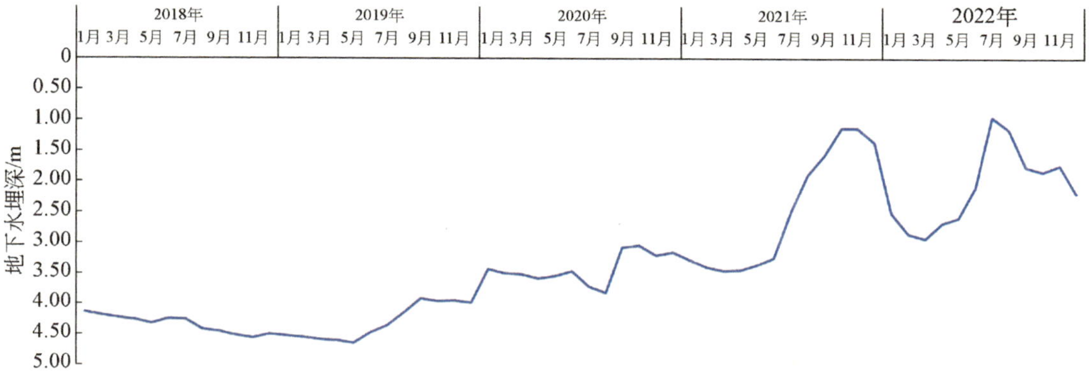

图 5.43　1 号监测井地下水埋深动态曲线

中游 2 号监测井地下水埋深呈波动抬升趋势，随着 2022 年汛期降水量的不断增加，地下水位从 2 月地下水埋深 2.45m 升高到 10 月的 0.96m，上升了 1.49m。2022 年 7~8 月平均地下水位比 1~5 月平均地下水位高 1.11m，2022 年 7 月的地下水位比 2021 年 7 月高 0.47m，2022 年 8 月的地下水位比 2021 年 8 月高 0.36m（图 5.44）。

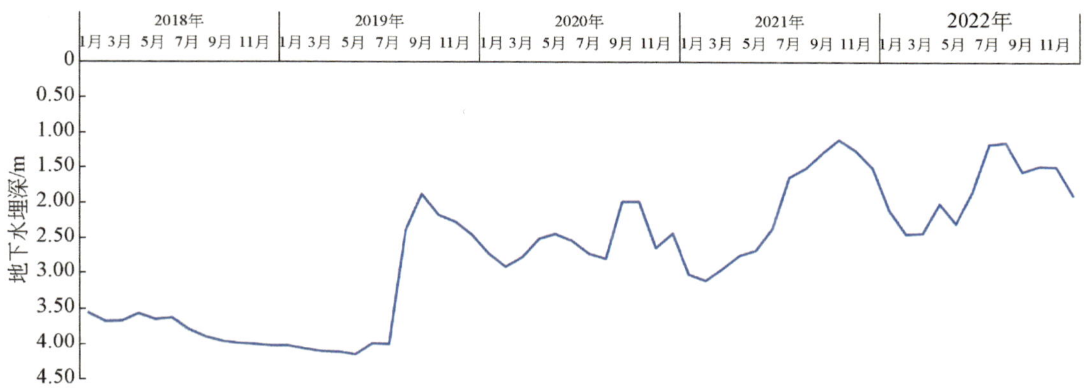

图 5.44　2 号监测井地下水位埋深动态曲线

下游 3 号监测井孔地下水埋深波动较上游、中游的幅度大。由于 2021 年降水量大，2021 年 10 月地下水位较高，埋深达 1.21m，之后水位下降到 2022 年 5 月的埋深 6.46m，随着补给量的增加，到 2022 年 9 月地下水位升至埋深 0.99m。2022 年 7~8 月平均地下水位比 1~5 月平均地下水位高 2.28m，2022 年 7 月的地下水位比 2021 年 7 月高 5.28m，2022 年 8 月的地下水位比 2021 年 8 月高 3.68m（图 5.45）。

地下水位上升同时体现在地下水储存量增加。2022 年 8 月与 2021 年 8 月相比，流域平原区地下水储存量增加了 9.65 亿 m^3。

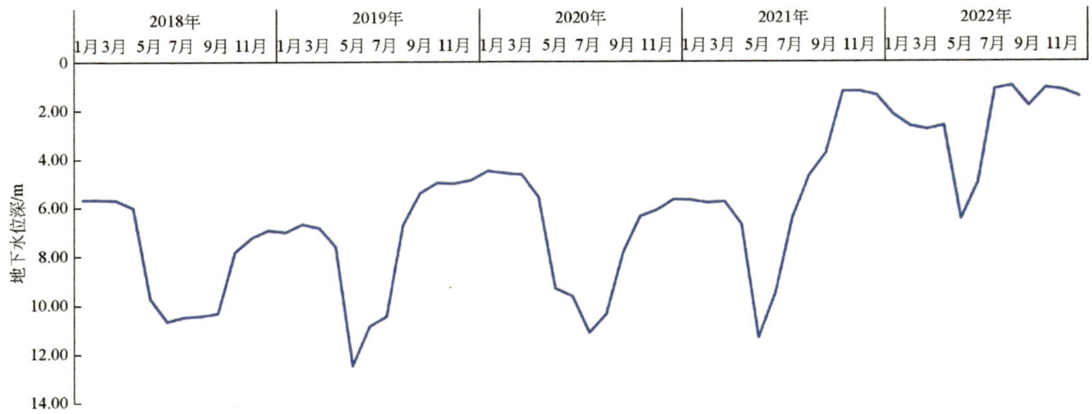

图 5.45　3 号监测井地下水埋深动态曲线

第六章

结　论

一、全国地下水资源量略有减少，南方干旱导致地下水资源补给减少

2022年，全国地下水资源量为8883.82亿m^3/a，与全国多年平均地下水资源评价结果相比略有减少，尤其是长江流域地下水受汛期极端干旱影响明显，年降水量减少194.21mm，年地下水资源量减少85.69亿m^3/a。

二、全国地下水质量整体稳定，主要受天然组分影响

全国可直接作为饮用水源的I~III类水占比为26.43%，处理后可作为饮用水源的IV类水占比为31.17%，V类水占比为42.40%。与2021年对比，I~III类水比例上升2.84%，IV类水比例下降1.86%，V类水比例下降0.98%。地下水质量主要受锰、铁、总硬度等天然组分影响。

三、全国17个主要平原盆地地下水位以上升为主，但升幅不大，黄淮平原、江汉–洞庭湖平原地下水位下降明显

2022年12月与上年同期相比，全国17个主要平原盆地浅层地下水位上升区面积为114.06万km^2，占比为51.02%；下降区面积为109.48万km^2，占比为48.98%。开发利用深层地下水的平原盆地，深层地下水位上升区面积为26.25万km^2，占比为50.08%；下降区面积为26.16万km^2，占比为49.92%。总体来看，华北平原、辽河平原、河套平原等10个平原盆地浅层地下水位上升；松嫩平原、三江平原等7个平原盆地浅层地下水位下降。开发利用深层地下水的7个平原盆地中，华北平原、银川平原、长江三角洲平原深层地下水位上升；松嫩平原、黄淮平原、汾渭平原、江汉–洞庭湖平原深层地下水位下降。

四、全国地下水储存量净减少44.31亿m^3/a，但华北平原净增加28.62亿m^3/a

受降水减少，尤其是长江干旱等影响，2022年12月较上年同期，全国地下水储存量净减少44.31亿m^3/a，其中浅层地下水储存量净减少49.58亿m^3/a，深层地下水储存量净增加5.27亿m^3/a。17个主要平原盆地地下水储存量净减少34.74亿m^3/a，其中浅层地下水储存量净减少40.14亿m^3/a，深层地下水储存量净增加5.40亿m^3/a。北方地区13个平原盆地地下水储存量净增加17.32亿m^3/a，其中浅层地下水储存量净增加13.02亿m^3/a，深层地下水储存量

净增加 4.30 亿 m^3/a。南方地区 4 个平原盆地地下水储存量净减少 52.06 亿 m^3/a，其中浅层地下水储存量净减少 53.16 亿 m^3/a，深层地下水储存量净增加 1.10 亿 m^3/a。

五、全国主要地下水降落漏斗面积有所减少，37 个地下水降落漏斗主要分布在北方地区

全国面积大于 $50km^2$ 的地下水位降落漏斗共 37 个，总面积为 4.73 万 km^2，同比净减少 $13251.1km^2$。其中，浅层漏斗 17 个，总面积为 2.27 万 km^2；深层漏斗 20 个，总面积为 2.46 万 km^2。主要分布在华北平原、黄淮平原、松嫩平原、辽河平原、三江平原、汾渭盆地、大同盆地、银川平原、河西走廊、准噶尔盆地和塔里木盆地等地。其中，华北平原受 2021 年 7 月后汛期极端强降水，以及南水北调水源置换、河湖生态补水等影响，7 个浅层地下水位降落漏斗总面积与上年同期相比减少 $2726.1km^2$；4 个深层地下水位降落漏斗总面积减少 $9483.8km^2$。

六、年度极端气象水文事件对地下水影响明显

受 6 月中旬至 9 月长汛期极端旱情影响，长江流域五大平原盆地区 7 月地下水位较上年同期下降明显，降幅在 5~12m，地下水储存量减少 25.94 亿 m^3；2022 年 8 月鄱阳湖水面面积较上年同期减少 $1988km^2$，减幅高达 67.9%。珠江流域的北江流域 2022 年“龙舟水”期间降水量为同期多年平均的 1.3~1.9 倍，干流径流量是近 3 年均值的 6.37 倍，地下水位显著上升 3~6m，地下水储存量增加 7.53 亿 m^3。塔里木盆地阿克苏河流域 8 月强降水引发了塔里木河洪水，洪水影响带地下水位回升明显，地下水储存量增加 7.68 亿 m^3，台特玛湖面积增大 $126.91km^2$。辽河流域的绕阳河流域 2022 年降水量较多年平均偏多 29.01%，地下水位平均上升 1.07m，地下水储存量增加 9.65 亿 m^3。

参考文献

邓铭江. 2009. 中国塔里木河治水理论与实践. 北京：科学出版社.

古力米热•哈那提，张音，关东海，等. 2020. 生态输水条件下塔里木河下游断面尺度地下水流数值模拟. 水科学进展，31(1): 61-70.

杨鹏年，邓铭江，李霞，等. 2008. 塔里木河下游间歇输水下地下水响应宽度——以塔里木河下游英苏断面为例. 干旱区研究，25(3): 331-335.

附　录

附录一　基本术语

地下水统测：在完整的自然单元或行政单元，在规定的时段内，按一定的监测密度开展地下水位和流量等要素的监测。地下水统测一般在一个水文年内低水位期或高水位期开展，注意避开地下水大规模开采期。

地下水高水位期：在一个水文年内非地下水集中开采期的地下水位（头）处于较高水位状态的时期。

地下水低水位期：在一个水文年内非地下水集中开采期的地下水位（头）处于较低水位状态的时期。

地下水资源评价：获取地下水资源数量、质量、可开采量、储存量及可更新能力等活动的总称。

地下水资源量：由大气降水与地表水补给形成的，参与现代水循环且逐年更新的地下水量，一般用多年平均更新的地下水量表示。

地下水储存量：赋存于潜水面以下含水（层）系统中水体的总量。

地下水资源分区：基于地下水系统补给、径流、排泄特征，为地下水资源评价和统计而逐级划分的空间单元。

地下水资源评价单元：为地下水资源评价而选取的适当级次的地下水资源区，是地下水均衡分析和误差识别的基本单元。

地下水资源评价子单元：为汇总地下水资源数量和质量，依据水资源分区、水文地质分区、行政区等界线将评价单元进一步划分的区块。

地下水质量：地下水的物理、化学和生物性质的总称。

常规指标：反映地下水质量基本状况的指标，包括感官性状及一般化学指标、微生物指标、常见毒理学指标和放射性指标。

附录二　参加单位与成员

中国地质调查局参加单位与成员

水文地质与水资源调查监测评价计划

首席科学家：李文鹏

协调办公室：王　璜　朱　阁　郑跃军　李春燕

全国地下水资源评价与监测（中国地质环境监测院）

首 席 专 家：郑跃军

主要参加人员：李春燕　袁富强　李圣品　刘　可　刘文波　黎　涛　赵建明　曹祥会　王龙凤

松辽流域水文地质调查（中国地质调查局沈阳地质调查中心、中国地质调查局水文地质环境地质调查中心）

首 席 专 家：刘　强

主要参加人员：郭晓东　李　霄　张慧荣　王子行　王长琪　石旭飞　刘伟坡　陈　麟　张梅桂　成　龙　李志红　崔虎群　程旭学　刘江涛　吴庭雯

海河流域水文地质调查（中国地质科学院水文地质环境地质研究所、中国地质调查局天津地质调查中心）

首 席 专 家：杨会峰

主要参加人员：孟瑞芳　柳富田　包锡麟　李泽岩　白　华　孙红丽　宋　博　高业新　余鸣潇　张英平　陈社明　张　卓

黄河流域水文地质调查（中国地质调查局水文地质环境地质调查中心、中国地质科学院水文地质环境地质研究所、中国地质科学院岩溶地质研究所）

首 席 专 家：韩双宝

主要参加人员：李甫成　申豪勇　刘景涛　马　涛　袁　磊　李海学　徐荣祯　赵　一　杨明楠　王志恒　朱　亮　王　赛

淮河流域水文地质调查（中国地质调查局南京地质调查中心）

首 席 专 家：龚建师

主要参加人员：王赫生 李 亮 周锴锷 朱春芳 陶小虎 叶永红 许乃政 檀梦皎

东南诸河流域水文地质调查（中国地质科学院水文地质环境地质研究所）

首 席 专 家：王文中

主要参加人员：郑昭贤 李晓媛 苏 晨 程中双 梅 杨 刘玲霞 郭小娇 李兵岩

长江流域水文地质调查（中国地质调查局武汉地质调查中心、中国地质科学院探矿工艺研究所、中国地质调查局南京地质调查中心）

首 席 专 家：张彦鹏

主要参加人员：肖 攀 魏良帅 李 亮 龚 冲 黄安邦 柯贤忠 严克涛 陈 雯 廖 金 舒勤峰 郑昭贤 彭 博 刘凤梅 周锴锷

珠江流域水文地质调查（中国地质科学院岩溶地质研究所）

首 席 专 家：邹胜章

主要参加人员：卢 丽 夏日元 曹建文 黄奇波 曾 洁 潘晓东 周长松 赵良杰 王 喆 林永生 樊连杰 卢海平 王 佳 朱丹尼 栾 崧

西南诸河流域水文地质调查（中国地质调查局成都地质调查中心）

首 席 专 家：邓国仕

主要参加人员：唐业旗 钟金先 王裕琴 岑鑫雨 陆生林 陈启国

西北内陆盆地区水文地质调查（中国地质调查局西安地质调查中心、中国地质环境监测院、中国地质科学院水文地质环境地质研究所）

首 席 专 家：顾小凡

主要参加人员：张 俊 余 堃 李春燕 朱谱成 张 竞 聂振龙 柳富田 邓国仕 龙 睿 祁晓凡 常 亮 宁 航 刘 可 李 瑛 常 亮 董佳秋

省级参加单位与成员

北京市地质环境监测所

李 鹏 卢忠阳 孙 颖 许苗娟 王新娟 王丽亚 吴芮欣

天津市地质环境监测总站

王亚斌　马晗宇　斯　蔼　刘振辉　郭淑娟

河北省地质环境监测院

刘　洋　马佰衡　唐立强　姜先桥　尚琳群

山西省地质环境监测中心

单利军　安道智　刘　媛　兰荣辉

内蒙古自治区地质调查研究院

熊海钦　原年福　王金伟

辽宁省自然资源事务服务中心、吉林大学

卞玉梅　辛　欣　赵　杰　刘　勇

吉林大学、吉林省地质环境监测总站

胡婧敏　李立军

黑龙江省地质环境监测总站

卜文强　刘　伟　冯晓琳　王立宦　王林澍

上海市地质调查研究院

吴建中　何　晔　石凯文

江苏省地质调查研究院

张　岩　刘　源　龚亚兵　李　进

浙江省地质环境监测中心

黎　伟　黄金瓯　张达政　朱晓曦　沈慧珍　周丽玲

安徽省地质环境监测总站

魏永霞　陈　炎　杨章贤　林桂香　董迎春　董　琼　朱泽军　柯昱琪　朱学群
辛翌龙　赵晓玲　刘　毅　王亚楠

福建省地质环境监测中心、福建省地质工程勘察院

陈生东　黄颖珍　赵汝荣　邓鼎兴　陈　志　郑丽蓉

江西省江西省勘察设计研究院、江西省地质环境监测总站

何景媛　陈　婷　张茹星　李　琦

山东省国土空间生态修复中心

王晓玮　张永伟　于德杰　梁　浩　黄岩岩　许玉阳　李永超　周建民　朱　国　甄　欣

河南省自然资源监测院

王　琳　潘　登　屈吉鸿　王继华　王　帅　周　娟　蒋亚茹　王　聪　张庆晓

湖北省地质环境总站

李　伟　党慧慧　李　寅

湖南省水文地质环境地质调查监测所、湖南省自然资源事务中心

王森球　黄树春　刘声凯

广东省地质环境监测总站

赵明辉　王　莹　张　玲　鲍伟佳　谭咏清

广西壮族自治区地质环境监测站

杨　林　胡波银　王冬杰　储　瑞　文海涛　李志宇　袁范阳　朱　明　梁春梅

海南省地质环境监测总站

陈素暖

重庆市地质环境监测总站

赵善道　甘　林

四川省国土空间生态修复与地质灾害防治研究院

刘　灏　孙先锋

贵州省地质环境监测院

熊俊伟　杨荣康　罗　维　王　乾　杨秀丽　宁黎元

云南省地质环境监测院

张　华　高　瑜　杨　帆

西藏自治区地质环境监测总站

索朗扎西　吕文明　李昆仲　于乐琪　安红梅

陕西省地质环境监测总站

郝光耀　张红强　李文莉　赵梅梅　贺旭波　陶福平　杨　驰　张玉卓　张　萌

甘肃省地质环境监测院

刘心彪　李平平　赵　旭　郭军毅

青海地质环境监测总站、长安大学

周　保　任永胜　严慧珺　卢玉东　张　旭　曾广豪　王　博　李环环　詹润泽

宁夏回族自治区国土资源调查监测院、宁夏回族自治区水文环境地质调查院

唐利君　刘桂环　康锦辉　韩强强　任光远

新疆维吾尔自治区地质环境监测院

乔　华　卿兵兵　朱　瑾　苏　潇　郑航琪

附　表

附表 1　地下水资源一级区降水量状况表（2022 年）

附表 2　地下水资源一级区地下水资源量表（2022 年）

附表 3　全国 17 个主要平原盆地基本情况表

附表 4　省级行政区地下水资源量表（2022 年）

附表 5　地下水资源一级区地下水质量变化表（2021~2022 年）

附表 1　地下水资源一级区降水量状况表（2022 年）

序号	地下水资源一级区名称	编号	2022 年年降水量 /(mm/a)	2022 年年降水资源量 /(亿 m^3/a)	2021 年年降水量 /(mm/a)	2022 年与 2021 年年降水量变化量 /(mm/a)	2022 年与 2021 年年降水量变幅 /%	多年平均(1956~2016 年)年降水量 /(mm/a)	2022 年与多年平均年降水量变化量 /(mm/a)	2022 年与多年平均年降水量变幅 /%
1	松花江流域地下水资源区	GA	596.80	6471.55	664.67	–67.87	–10.21	501.6	95.2	18.98
2	辽河流域地下水资源区	GB	791.30	2678.55	780.07	11.23	1.44	533.9	257.4	48.21
3	海河流域地下水资源区	GC	584.40	1923.99	822.18	–237.78	–28.92	527.1	57.3	10.87
4	黄河流域地下水资源区	GD	475.88	3817.75	588.19	–112.31	–19.09	452.2	23.68	5.24
5	淮河流域地下水资源区	GE	780.00	2466.36	1057.54	–277.54	–26.24	838.2	–58.2	–6.94
6	准噶尔盆地地下水资源区	GK I	143.11	717.29	158.24	–15.13	–9.56	165.0	–16.12	–9.77
7	塔里木盆地地下水资源区	GK II	80.91	931.47	92.62	–11.71	–12.64			
8	羌塘内流河湖地下水资源区	GK III	210.09	1434.23	242.00	–31.91	–13.19			
9	河西走廊及北山地下水资源区	GK IV	118.72	611.80	153.08	–34.36	–22.45			
10	柴达木 – 青海湖盆地地下水资源区	GK V	126.06	411.81	187.52	–61.46	–32.78			
11	内蒙古高原地下水资源区	GK VI	346.99	1092.15	366.00	–19.01	–5.19			
北方地区小计			354.53	22556.95	415.88	–61.35	–14.75	329.3	25.23	7.66
12	长江流域地下水资源区	GF	921.97	17168.56	1116.18	–194.21	–17.40	1080.2	–50.2	–14.63
13	东南诸河流域地下水资源区	GG	1600.50	3309.84	1738.13	–137.63	–7.92	1810.2	–209.7	–11.58
14	珠江流域地下水资源区	GH	1682.61	8416.84	1352.12	330.49	24.44	1557.6	125.01	8.03
15	西南诸河流域地下水资源区	GJ	994.2	7643.41	1101.18	–106.98	–9.72	1091.6	–97.4	–8.92
南方地区小计			1162.66	36538.64	1196.15	–33.49	–2.80	1215.1	–52.44	–4.32
全国合计			621.73	59095.59	699.74	–78.01	–11.15	651.5	–29.77	–4.57

附表 2　地下水资源一级区地下水资源量表（2022 年）

编号	地下水资源一级区名称	山丘区地下水资源量 /(亿 m^3/a)	平原区地下水资源量 /(亿 m^3/a)	山丘区与平原区地下水资源重复量 /(亿 m^3/a)	地下水资源量 /(亿 m^3/a)	地下水资源模数 /[万 m^3/(km^2 • a)]
GA	松花江流域地下水资源区	250.53	239.40	6.29	483.63	5.24
GB	辽河流域地下水资源区	131.18	118.40	8.50	241.08	7.65
GC	海河流域地下水资源区	119.73	250.77	23.44	347.06	10.89
GD	黄河流域地下水资源区	270.68	166.69	9.56	427.81	5.39
GE	淮河流域地下水资源区	250.32	92.82	3.87	339.27	10.86
GK I	准噶尔盆地地下水资源区	168.14	136.90	57.76	247.27	5.49
GK II	塔里木盆地地下水资源区	281.52	243.36	98.28	426.60	3.88
GK III	羌塘内流河湖地下水资源区	146.55	—	—	146.55	2.09
GK IV	河西走廊及北山地下水资源区	31.30	55.41	2.02	84.69	1.63
GK V	柴达木 – 青海湖盆地地下水资源区	67.10	64.24	28.92	102.41	4.29
GK VI	内蒙古高原地下水资源区	18.93	19.42	0	38.35	1.33
北方地区合计		1735.97	1387.40	238.65	2884.72	4.84
GF	长江流域地下水资源区	2094.67	266.50	9.99	2351.19	13.32
GG	东南诸河流域地下水资源区	389.70	109.06	—	498.76	20.59
GH	珠江流域地下水资源区	1431.98	361.80	—	1793.78	30.83
GJ	西南诸河流域地下水资源区	1355.37	—	—	1355.38	15.93
南方地区合计		5271.73	737.36	9.99	5999.10	17.44
全国合计		7007.70	2124.76	248.64	8883.82	9.45

注：“—”表示无该类地下水资源。

附表 3　全国 17 个主要平原盆地基本情况表

序号	名称	面积 / 万 km^2	所在地下水资源一级区	主要涉及省（自治区、直辖市）
1	松嫩平原	18.21	松花江流域	吉林、黑龙江
2	辽河平原	9.75	辽河流域	辽宁、内蒙古、吉林
3	三江平原	4.10	松花江流域	黑龙江
4	华北平原	13.81	海河流域	北京、天津、河北、河南、山东
5	黄淮平原	20.95	淮河流域	河南、山东、安徽、江苏
6	鄂尔多斯盆地	14.65	黄河流域	内蒙古、宁夏、陕西、甘肃
7	河套平原	2.87	黄河流域	内蒙古
8	银川平原	0.75	黄河流域	宁夏
9	汾渭盆地	3.70	黄河流域	陕西、山西
10	准噶尔盆地	12.99	准噶尔盆地	新疆
11	塔里木盆地	56.37	塔里木盆地	新疆
12	河西走廊	16.45	河西走廊及北山	甘肃、内蒙古
13	柴达木盆地	11.91	柴达木－青海湖盆地	青海
14	四川盆地	23.24	长江流域	四川
15	江汉－洞庭湖平原	6.62	长江流域	湖北、湖南
16	长江三角洲	4.78	长江流域	上海、江苏、浙江
17	珠江三角洲	2.70	珠江流域	广东

附表 4　省级行政区地下水资源量表（2022 年）

序号	省（自治区、直辖市）	山丘区地下水资源量 /(亿 m^3/a)	平原区地下水资源量 /(亿 m^3/a)	山丘区与平原区地下水资源重复量 /(亿 m^3/a)	地下水资源量 /(亿 m^3/a)	地下水资源模数 /[万 m^3/(km^2·a)]
1	北京	7.30	20.25	5.29	22.26	13.58
2	天津	0.89	14.57	0.48	14.98	13.24
3	河北	58.15	142.37	15.11	185.41	9.93
4	山西	88.79	17.06	2.54	103.31	6.58
5	内蒙古	138.00	131.32	7.04	262.28	2.24
6	辽宁	96.67	54.78	5.60	145.85	9.94
7	吉林	65.91	76.48	5.25	137.15	7.18
8	黑龙江	138.11	162.17	0.74	299.54	6.62
9	上海	—	5.05	—	5.05	8.02
10	江苏	48.61	46.17	0.11	94.67	12.72
11	浙江	242.84	54.08	2.42	294.50	28.53
12	安徽	124.81	49.22	7.60	166.43	12.27
13	福建	175.34	38.47	—	213.81	17.50
14	江西	337.73	17.99	0.65	355.08	21.29
15	山东	88.34	132.77	1.04	220.07	14.20
16	河南	90.40	62.66	6.14	146.92	8.89
17	湖北	163.34	63.82	0.04	227.12	12.19
18	湖南	365.08	34.63	0.03	399.69	18.87

续表

序号	省（自治区、直辖市）	山丘区地下水资源量/(亿 m³/a)	平原区地下水资源量/(亿 m³/a)	山丘区与平原区地下水资源重复量/(亿 m³/a)	地下水资源量/(亿 m³/a)	地下水资源模数/[万 m³/(km²·a)]
19	广东	386.53	251.44	—	637.96	35.20
20	广西	627.86	69.93	—	697.79	29.49
21	海南	88.99	38.38	—	127.37	37.49
22	重庆	142.57	—	—	142.57	17.28
23	四川	501.34	42.02	0.08	543.28	11.15
24	贵州	303.91	—	—	303.91	17.51
25	云南	791.12	—	—	791.12	20.55
26	西藏	1012.29	—	—	1012.29	8.42
27	陕西	95.57	54.37	0.17	149.77	7.28
28	甘肃	90.04	56.38	2.02	144.39	3.39
29	青海	262.95	63.35	28.49	297.81	4.91
30	宁夏	6.22	19.85	1.33	24.74	4.76
31	新疆	460.18	380.18	156.47	683.89	4.19
32	香港	—	2.02	—	2.02	18.85
33	澳门	—	0.03	—	0.03	15.11
34	台湾	7.79	22.96	—	30.75	8.50
全国合计		7007.70	2124.76	248.64	8883.82	9.45

注：“—”表示无该类地下水资源。

附表 5　地下水资源一级区地下水质量变化表（2021~2022 年）

序号	地下水资源一级区名称	变差监测站点占比/%	变好监测站点占比/%	稳定监测站点占比/%
1	松花江流域地下水资源区	14.29	14.14	71.58
2	辽河流域地下水资源区	17.37	27.12	55.51
3	海河流域地下水资源区	13.76	15.08	71.16
4	黄河流域地下水资源区	17.17	14.35	68.48
5	淮河流域地下水资源区	19.93	17.43	62.64
6	长江流域地下水资源区	19.80	15.41	64.78
7	东南诸河流域地下水资源区	16.06	11.24	72.69
8	珠江流域地下水资源区	17.14	19.95	62.92
9	西南诸河流域地下水资源区	66.94	4.13	28.93
10	准噶尔盆地地下水资源区	17.27	27.34	55.40
11	塔里木盆地地下水资源区	14.56	21.36	64.08
12	羌塘内流河湖地下水资源区	—	—	—
13	柴达木－青海湖盆地地下水资源区	25.60	9.20	65.20
14	河西走廊及北山地下水资源区	25.60	9.20	65.20
15	内蒙古高原地下水资源区	13.04	26.09	60.87
全国合计		18.31	16.06	65.63

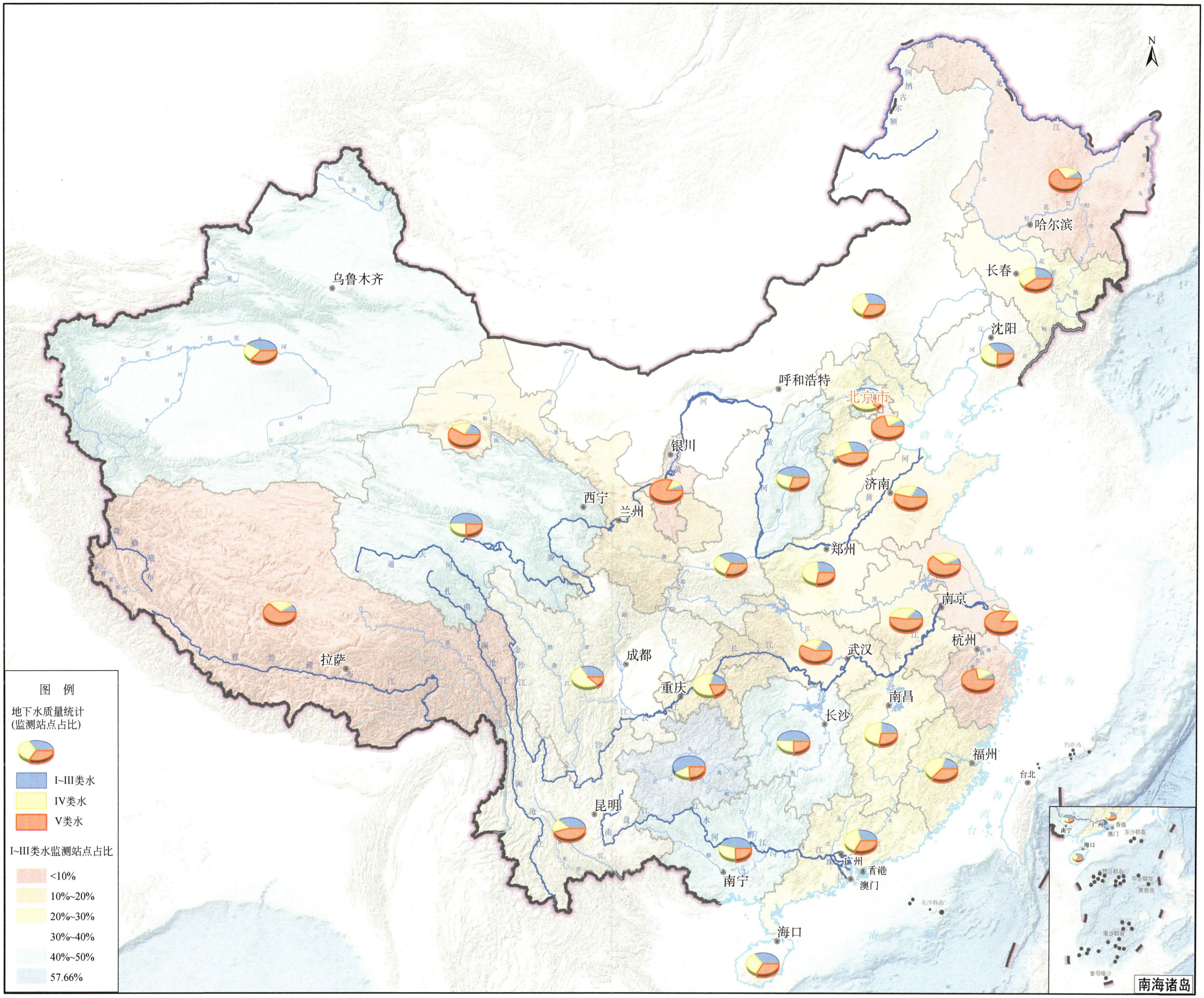

附图 7　全国省级行政区地下水质量状况图（2022 年）

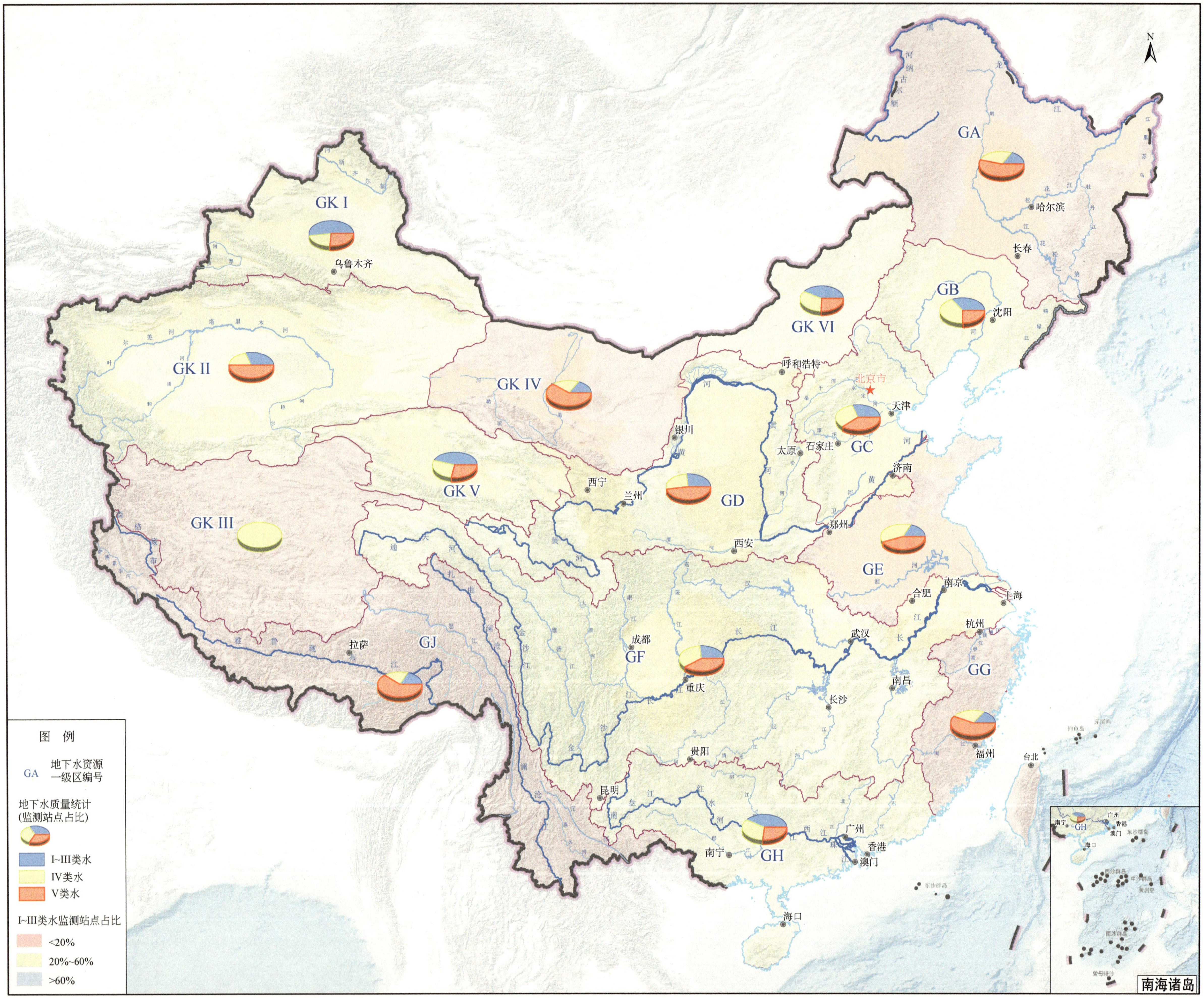

附图 6　全国地下水资源一级区地下水质量状况图（2022 年）

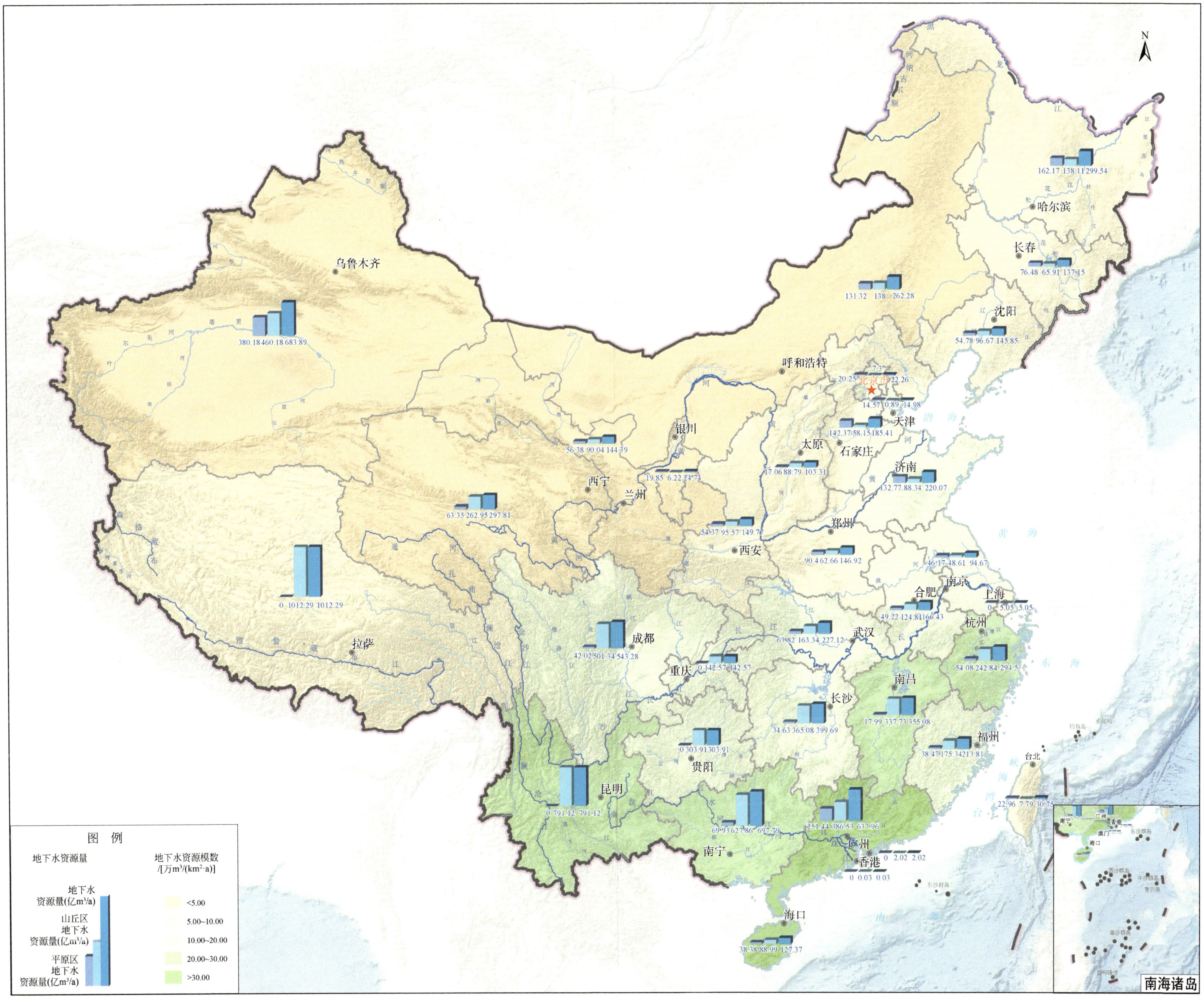

附图 5　全国省级行政区地下水资源量图（2022 年）

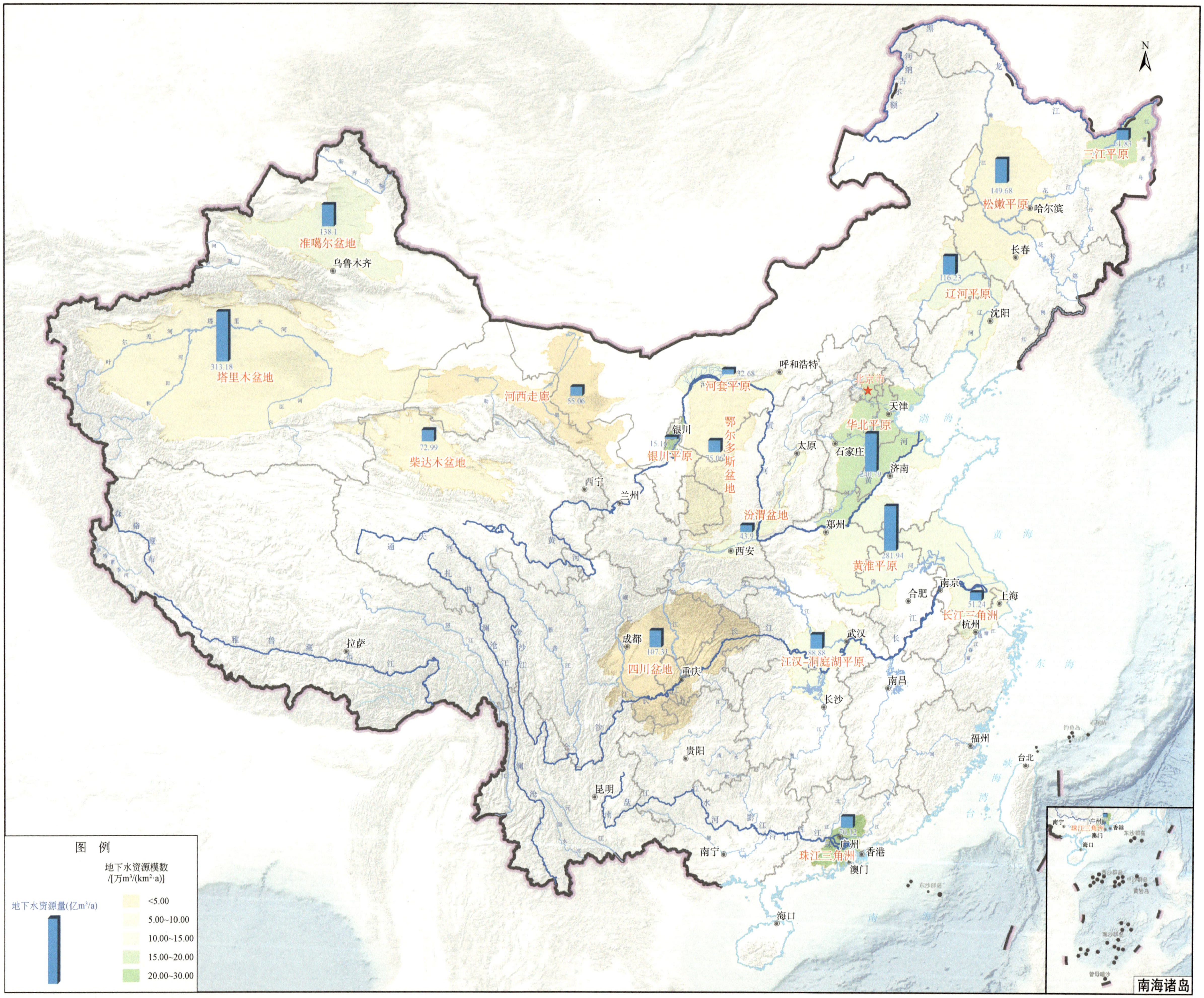

附图 4　全国 17 个主要平原盆地地下水资源量图（2022 年）

附图 3 全国地下水资源一级区地下水资源量图（2022 年）

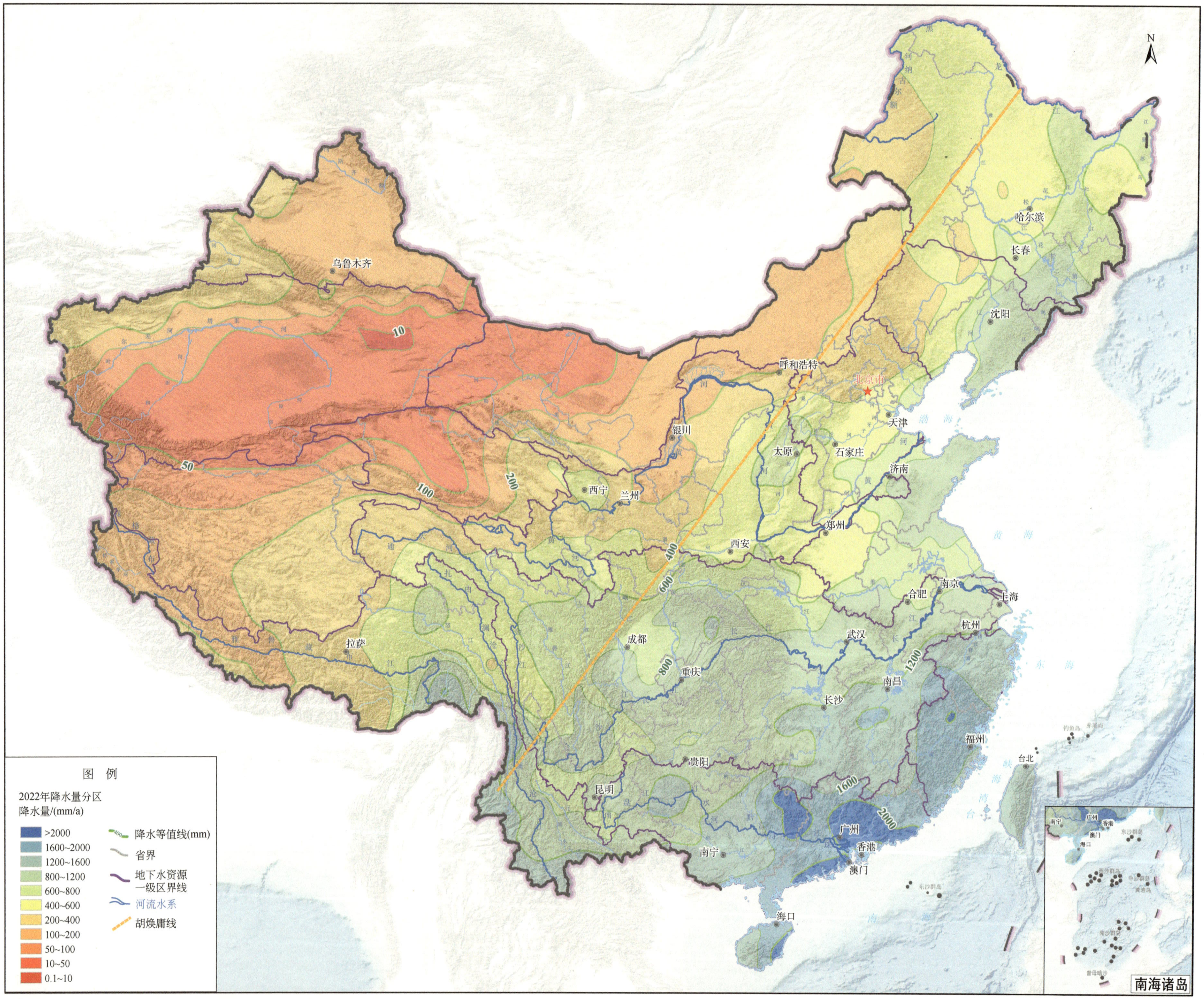

附图2　全国降水量分布图（2022年）

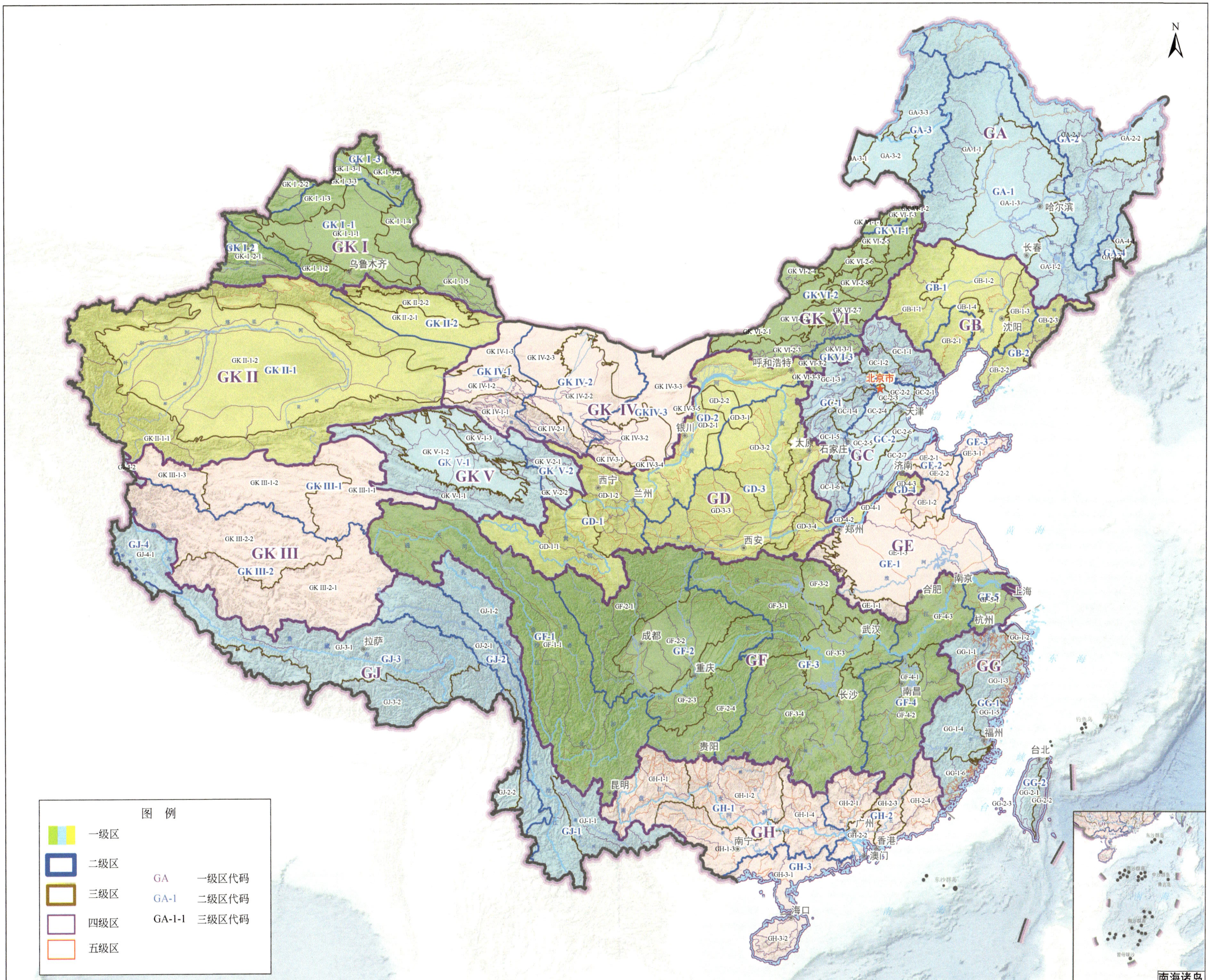

附图 1　全国地下水资源分区图

附图